Heidelberger Taschenbücher Band 117

M. J. Beckmann · H. P. Künzi
unter Mitwirkung von
R. Landtwing

Mathematik für Ökonomen II

Lineare Algebra

Mit 8 Abbildungen

Springer-Verlag
Berlin · Heidelberg · New York 1973

Prof. Dr. M. J. BECKMANN, Technische Universität München

Prof. Dr. H. P. KÜNZI, Universität Zürich

Dr. R. LANDTWING, Universität Zürich

AMS Subject Classifications (1970)

Primary   15-01, 15-A-03, 15-A-06, 15-A-09, 15-A-15, 15-A-18, 15-A-39
Secondary 39-01, 39-A-10, 90-01, 90-A-15, 90-C-05

ISBN-13: 978-3-540-06052-9   e-ISBN-13: 978-3-642-80719-0
DOI: 10.1007/978-3-642-80719-0

Das Werk ist urheberrechtlich geschützt. Die dadurch begründeten Rechte, insbesondere die der Übersetzung, des Nachdruckes, der Entnahme von Abbildungen, der Funksendung, der Wiedergabe auf photomechanischem oder ähnlichem Wege und der Speicherung in Datenverarbeitungsanlagen bleiben, auch bei nur auszugsweiser Verwertung, vorbehalten.

Bei Vervielfältigungen für gewerbliche Zwecke ist gemäß § 54 UrhG eine Vergütung an den Verlag zu zahlen, deren Höhe mit dem Verlag zu vereinbaren ist.

© by Springer-Verlag Berlin · Heidelberg 1973

Softcover reprint of the hardcover 1st edition 1973

Vorwort

Hiermit legen wir den zweiten Band der geplanten drei Teile der „Mathematik für Ökonomen" vor. Wie beim Band I über die Analysis von Funktionen einer Veränderlichen haben wir eine auf die besonderen Bedürfnisse des Studiums der Wirtschaftswissenschaft und der Unternehmensforschung ausgerichtete Darstellung der linearen Algebra gewählt. Dabei haben wir uns bemüht, die mathematische Theorie mit Anwendungen aus diesen beiden Disziplinen zu verbinden. Beim vorliegenden Stoffgebiet ist es sinnvoll, zunächst in den Abschnitten 1–6 die Grundlagen zu schaffen und die Anwendungen in den Abschnitten 7–9 zusammenhängend zu bringen. Infolge der rasch fortschreitenden Entwicklung der mathematischen Wirtschaftswissenschaft und der Unternehmensforschung können wir keinen Anspruch auf Vollständigkeit der typischen Modelle erheben, haben aber auf die Auswahl der Beispiele besondere Sorgfalt verwendet.

Es hat sich als zweckmäßig erwiesen, die Ausführungen über die lineare Algebra vor die Behandlung der Funktionen mit mehreren Veränderlichen zu stellen, für die nun der Band III vorgesehen ist. Zum Studium dieses Bandes sind aber keine Kenntnisse der Differential- und Integralrechnung notwendig.

Der Inhalt des vorliegenden Bandes beruht auf Aufzeichnungen von Vorlesungen, die H.P. KÜNZI während mehrerer Jahre an der Universität Zürich gehalten hat. Die Abschnitte mit den ökonomischen Anwendungen stammen zum großen Teil aus Kursen von M. BECKMANN, die an der Brown University, der Universität Bonn und der Technischen Universität München veranstaltet wurden. Die eigentliche Ausarbeitung des Textes, die zahlreichen Ergänzungen und die geschicktere Anordnung des Stoffes hat Herr Dr. R. LANDTWING vorgenommen, ohne dessen intensive Mitwirkung dieser zweite Band nicht zustande gekommen wäre. Ihm sei daher an dieser Stelle besonders gedankt. Auch Herrn P. THUNSDORFF sind wir für seine Mitarbeit an den Abschnitten 1–3 zu Dank verpflichtet. Herr Dr. B. SCHMID war freundlicherweise bereit, das Manuskript zu lesen und hat uns einige Hinweise gegeben.

Die über Erwartung gute Aufnahme, die der erste Band bei Studenten, Dozenten und Praktikern gefunden hat, ermutigt uns zur Hoffnung, daß auch dieser Band in weiten Kreisen Erfolg haben wird.

MARTIN J. BECKMANN und HANS P. KÜNZI

München und Zürich, Juni 1972

Inhaltsverzeichnis

Literatur XI

1. Lineare Räume 1
   1.1 Gruppe 1
   1.2 Vektorraum 1
   1.3 Unterräume, Linearkombinationen, lineare Unabhängigkeit 4
   1.4 Rang eines Vektorsystems 8
   1.5 Basis, Dimension, Koordinaten 9
   1.6 n-dimensionaler reeller Zahlenraum 12

2. Lineare Abbildungen und Matrizen 18
   2.1 Lineare Abbildungen 18
      2.1.1 Definition, Kern und Rang einer linearen Abbildung 18
      2.1.2 Isomorphismus, Endomorphismus, Automorphismus 20
      2.1.3 Matrix einer linearen Abbildung 22
   2.2 Matrizen 25
      2.2.1 Definitionen 25
      2.2.2 Matrizenoperationen 29
      2.2.3 Rang einer Matrix 33
      2.2.4 Symmetrische und schiefsymmetrische Matrizen 35
      2.2.5 Permutationsmatrizen und verwandte besondere Matrizen 36
      2.2.6 Untermatrizen 39

3. Determinanten 42
   3.1 Permutationen 42
   3.2 Darstellung der Determinante 45
   3.3 Laplace'sche Entwicklung 49
   3.4 Rechenregeln für Determinanten 51
   3.5 Verallgemeinerung der Laplace'schen Entwicklung . . 54
   3.6 Anwendungen der Rechenregeln 55
   3.7 Multiplikation von Determinanten 57
   3.8 Rändern einer Determinante 58

4. Quadratische Matrizen 60
   4.1 Determinante und Spur einer quadratischen Matrix . . 60
   4.2 Orthogonale Matrizen 61
   4.3 Inverse Matrizen 62
      4.3.1 Begriff 62
      4.3.2 Eigenschaften inverser Matrizen 64
      4.3.3 Matrizendivision 65
      4.3.4 Austauschverfahren 66

5. Lineare Gleichungssysteme 70
   5.1 Lösbarkeit linearer Gleichungssysteme 70
      5.1.1 Einleitung 70
      5.1.2 Inhomogene lineare Gleichungssysteme 72
      5.1.3 Homogene lineare Gleichungssysteme 75
      5.1.4 Allgemeine Lösung eines linearen Gleichungssystems 76
   5.2 Lösungsverfahren für lineare Gleichungssysteme . . . 76
      5.2.1 Lösung mit Hilfe der inversen Matrix 76
      5.2.2 Cramer'sche Regel 77
      5.2.3 Gauss'sche Elimination 78
      5.2.4 Praktische Berechnung des Ranges einer Matrix . 81

6. Eigenwertprobleme 83
   6.1 Äquivalenz von Matrizen 83
   6.2 Eigenwerte und Eigenvektor 85
      6.2.1 Polynomwurzeln 85
      6.2.2 Ähnliche Matrizen, Eigenwerte und Eigenvektoren 87
      6.2.3 Diagonalisierung symmetrischer Matrizen . . . 91
      6.2.4 Konvergenz von Matrizenreihen 94
   6.3 Quadratische Formen 95
      6.3.1 Definite quadratische Formen 95
      6.3.2 Quadratische Formen mit Nebenbedingungen . . 100
   6.4 Nichtnegative Matrizen 102
      6.4.1 Unzerlegbare Matrizen 102
      6.4.2 Eigenschaften nichtnegativer Matrizen 104
   6.5 Matrizen mit dominanten Hauptdiagonalen 106

   Literatur 110

7. Lineare Differenzengleichungen 111
  7.1 Endliche Differenzen 111
    7.1.1 Operator Δ 111
    7.1.2 Eigenschaften des Operators Δ 112
    7.1.3 Operator E 113
  7.2 Begriff der Differenzengleichung 114
  7.3 Differenzengleichungen erster Ordnung 115
  7.4 Lineare Differenzengleichungen erster Ordnung . . . 116
    7.4.1 Zur Lösung linearer Differenzengleichungen erster Ordnung 116
    7.4.2 Dynamischer Multiplikator 117
    7.4.3 Adaptive Anpassung der Investitionen 117
    7.4.4 Spinngewebe-Modell („Schweinezyklen"). . . 118
  7.5 Lineare homogene Differenzengleichung mit konstanten Koeffizienten 119
  7.6 Systeme linearer homogener Differenzengleichungen n-ter Ordnung 120
  7.7 Lineare inhomogene Differenzengleichungen mit konstanten Koeffizienten 121
  7.8 Samuelson-Hicks-Konjunkturmodell 123
  Literatur 125

8. Input-Output-Theorie 126
  8.1 Voraussetzungen 126
  8.2 Geschlossenes Input-Output-Modell 126
  8.3 Offenes Input-Output-Modell 130
  8.4 Eine einfache Arbeitswerttheorie 132
  8.5 Wachstum in einem Input-Output-System 133
  8.6 Input-Output-Modelle im Produktionsbetrieb . . . 134
  Literatur 138

9. Lineare Optimierung 139
  9.1 Formulierung der Probleme 139

9.2 Optimalitätskriterium 142
9.3 Simplex-Methode 144
   9.3.1 Simplex-Algorithmus 144
   9.3.2 Beispiel zum Simplex-Algorithmus 146
9.4 Dualität 149
9.5 Betriebsplanungsmodelle 151

Literatur 156

Literatur

Lehrbücher

ARROW, K.J., KARLIN, S., SUPPES, P., (Ed.): Mathematical Methods in the Social Sciences, 1959. Proceedings of the First Stanford Symposium, Stanford Univ. Press 1960.

AYRES, F.: Matrices, Schaum's Outline Series. Schaum 1962.

BECKMANN, M. J., KÜNZI, H. P.: Mathematik für Ökonomen I, Differential- und Integralrechnung von Funktionen einer Veränderlichen, Heidelberger Taschenbücher 56, Springer 1969.

BELLMANN, R.: Introduction to Matrix Analysis. 2nd Ed., McGraw-Hill 1970.

BLIEFERNICH, M., GRYCK, M., PFEIFFER, M., WAGNER, C.J.: Aufgaben zur Matrizenrechnung und linearen Optimierung. Physica 1968.

BODEWIG, E.: Matrix Calculus. 2nd rev. and enlarged Ed., North Holland 1959.

FADDEJEW, D.K., FADDEJEWA, W.N.: Numerische Methoden der linearen Algebra. Oldenbourg 1964.

GANTMACHER, F.R.: Matrizenrechnung. 1. Teil: Allgemeine Theorie. Deutscher Verlag der Wissenschaften 1965.

— Matrizenrechnung. 2. Teil: Spezielle Fragen und Anwendungen. Deutscher Verlag der Wissenschaften 1966.

GREUB, W.H.: Lineare Algebra. 3. Aufl., Springer 1967.

GROEBNER, W.: Matrizenrechnung. BI Hochschultaschenbücher 1966.

JAEGER, A.: Introduction to Analytic Geometrie and Linear Algebra. Holt, Rinehart and Winston 1960.

—, WENKE, K.: Lineare Wirtschaftsalgebra, eine Einführung. 2 Bände, Teubner 1969.

JEGER, M., ECKMANN, B.: Einführung in die vektorielle Geometrie und lineare Algebra. Birkhäuser 1967.

KEMENY, J.G., MIRKIL, H., SNELL, J.L., THOMPSON, G.L.: Finite Mathematical Structures. Prentice Hall 1958.

KOWALSKI, H.J.: Lineare Algebra. 4. Aufl., De Gruyter 1969.

LANCASTER, K.: Mathematical Economics. Macmillan 1968.

NEF, W.: Lehrbuch der linearen Algebra. Birkhäuser 1966.

NOBLE, B.: Applied Linear Algebra. Prentice Hall 1969.

SPERNER, E.: Einführung in die analytische Geometrie und Algebra. Vandenhoeck-Ruprecht 1961.

STIEFEL, E.: Einführung in die numerische Mathematik. 2. Aufl., Teubner 1963.

THRALL, R. M., TORNHEIM, L.: Vector Spaces and Matrices. Wiley 1957.

VAN DER WAERDEN, B. L.: Algebra. Erster Teil, siebte Auflage. Heidelberger Taschenbücher 12, Springer 1966.

— Algebra. Zweiter Teil, fünfte Auflage. Heidelberger Taschenbücher 23, Springer 1967.

ZURMÜHL, R.: Matrizen und ihre technischen Anwendungen. 4. Aufl., Springer 1964.

1. Lineare Räume

1.1 Gruppe

Definition 1: Eine Menge A mit einer Verknüpfung $*$, die je zwei Elementen $a \in A$ und $b \in A$ ein Element $a*b \in A$ zuordnet, heißt *Gruppe*, wenn folgende Axiome erfüllt sind:
1. $(a*b)*c = a*(b*c)$ für alle $a,b,c \in A$ (Assoziativgesetz).
2. Es existiert ein neutrales Element $n \in A$, so daß für alle $a \in A$ gilt: $a*n = n*a = a$.
3. Zu jedem $a \in A$ existiert ein inverses Element $\bar{a} \in A$, so daß $a*\bar{a} = \bar{a}*a = n$.

Gilt zusätzlich für alle $a,b \in A$

4. $a*b = b*a$ (Kommutativgesetz)

so heißt die Gruppe *kommutativ* oder *abelsch*.

Man kann zeigen, daß in einer Gruppe *nur ein* neutrales Element und zu jedem Element *nur ein* inverses Element existiert.

Definition 2: Nennt man in einer kommutativen Gruppe A die Verknüpfung „Addition" und verwendet $+$ als Verknüpfungssymbol, so heißt A *additive Gruppe*. In diesem Fall bezeichnet man das neutrale Element mit 0 und das inverse Element von a mit $-a$. $a+b$ heißt die Summe von a und b. $b+(-a)$ heißt Differenz von b und a, man schreibt dafür $b-a$.

1.2 Vektorraum

Die Menge der reellen Zahlen sei im folgenden mit R bezeichnet.

Definition 1: Ein *Vektorraum (linearer Raum)* ist eine additive Gruppe A, in der neben der Addition noch eine „skalare Multiplikation" erklärt ist, die je zwei Elementen $\lambda \in R$ und $a \in A$ ein Element $\lambda a \in A$ zuordnet, so daß folgende Axiome erfüllt sind:

5. $(\lambda \mu) a = \lambda(\mu a)$ für alle $\lambda, \mu \in R$ und $a \in A$ (Assoziativgesetz).

6a. $(\lambda+\mu)\mathbf{a} = \lambda\mathbf{a} + \mu\mathbf{a}$ für alle $\lambda, \mu \in R$ und $\mathbf{a} \in A$.

6b. $\lambda(\mathbf{a}+\mathbf{b}) = \lambda\mathbf{a} + \lambda\mathbf{b}$ für alle $\lambda \in R$ und $\mathbf{a}, \mathbf{b} \in A$
(Distributivgesetze).

7. $1\mathbf{a} = \mathbf{a}$ für alle $\mathbf{a} \in A$.

Die Elemente von A nennt man *Vektoren*, die Elemente von R *Skalare*. Das neutrale Element in A heißt *Nullvektor*. Vektoren werden im folgenden stets mit kleinen, fettgedruckten, lateinischen Buchstaben bezeichnet.

Satz 1: Es gilt $\lambda\mathbf{a} = \mathbf{0}$ dann und nur dann, wenn $\lambda = 0$ oder $\mathbf{a} = \mathbf{0}$.

Beweis: Aus dem ersten Distributivgesetz, Axiom 6a., erhält man für $\mu = 0$

$$\lambda\mathbf{a} = \lambda\mathbf{a} + 0\mathbf{a}.$$

Addiert man den Vektor $-\lambda\mathbf{a}$, so erhält man

(1) $$0\mathbf{a} = \mathbf{0}.$$

Aus dem zweiten Distributivgesetz 6b. folgt mit $\mathbf{b} = \mathbf{0}$

$$\lambda\mathbf{a} = \lambda\mathbf{a} + \lambda\mathbf{0}$$

und wiederum durch Addition von $-\lambda\mathbf{a}$

(2) $$\mathbf{0} = \lambda\mathbf{0}.$$

Aus den Gleichungen (1) und (2) ergibt sich, daß $\lambda\mathbf{a} = \mathbf{0}$ ist, wenn $\lambda = 0$ oder $\mathbf{a} = \mathbf{0}$.

Die Umkehrung folgt aus den Axiomen 5. und 7.:

$$\mathbf{a} = 1\mathbf{a} = \left(\frac{1}{\lambda}\cdot\lambda\right)\mathbf{a} = \frac{1}{\lambda}(\lambda\mathbf{a}) = \frac{1}{\lambda}\mathbf{0} = \mathbf{0}, \quad \text{mit } \lambda \neq 0. \quad \square$$

Satz 2: Es gilt $(-\lambda)\mathbf{a} = -\lambda\mathbf{a}$ und $\lambda(-\mathbf{a}) = -\lambda\mathbf{a}$.

Beweis: Setzt man im ersten Distributivgesetz 6a. $\mu = -\lambda$, so ist

$$\lambda\mathbf{a} + (-\lambda)\mathbf{a} = \mathbf{0}$$

und damit

$$(-\lambda)\mathbf{a} = -\lambda\mathbf{a},$$

womit der erste Teil bewiesen wäre. Die zweite Behauptung beweist man analog, indem man im zweiten Distributivgesetz 6b. $\mathbf{b} = -\mathbf{a}$ setzt und dann unmittelbar $\lambda(-\mathbf{a}) = -\lambda\mathbf{a}$ erhält. $\quad \square$

Die beiden Distributivgesetze gelten auch für eine endliche Anzahl von Ausdrücken:

$$\left(\sum_{i=1}^{n} \lambda_i\right) a = \sum_{i=1}^{n} \lambda_i a$$

und

$$\lambda \sum_{i=1}^{n} a_i = \sum_{i=1}^{n} \lambda a_i,$$

was durch Induktion gezeigt werden kann.

Beispiel: Gegeben sei die Menge R^2 aller geordneten Paare reeller Zahlen,

$$R^2 = \{a \,|\, a = (a_1, a_2) \text{ mit } a_1 \in R \text{ und } a_2 \in R\}.$$

Mit der Addition

$$a + b = (a_1, a_2) + (b_1, b_2) = (a_1 + b_1, a_2 + b_2)$$

und der skalaren Multiplikation

$$\lambda a = \lambda(a_1, a_2) = (\lambda a_1, \lambda a_2)$$

wird R^2 zu einem Vektorraum, wie sich leicht zeigen läßt. $(0,0)$ ist der Nullvektor und das inverse Element von $a = (a_1, a_2)$ ist $-a = (-a_1, -a_2)$.

Dieser Vektorraum läßt sich in folgender Weise geometrisch veranschaulichen. Man denkt sich einen Anfangspunkt x in der Ebene eingezeichnet (Abb. 1).

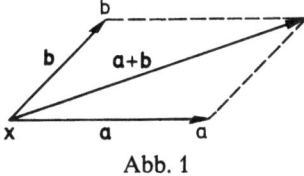

Abb. 1

Jedem weiteren Punkt a aus der Ebene kann man nun die gerichtete Strecke von x nach a zuordnen und bezeichnet diese als Ortsvektor a von a bezüglich x. Sei b ein weiterer Ortsvektor, dann läßt sich der Summenvektor $a + b$ nach dem Parallelogrammprinzip definieren, wobei man gleichzeitig erkennt (Abb. 1), daß die Summanden vertauschbar sind.

Addiert man den Vektor a wiederholt, etwa λ-mal, dann erhält man das λ-fache des Vektors, nämlich λa. Für $\lambda > 0$ fällt die Richtung von λa mit der von a zusammen, für $\lambda < 0$ ist sie zu a entgegengesetzt, für $\lambda = 0$ stellt der Vektor $0a$ den zu einem Punkt entarteten Ortsvektor des Anfangspunktes dar.

In entsprechender Weise läßt sich der Vektorraum R^3 aller geordneten Tripel reeller Zahlen geometrisch als dreidimensionaler Raum deuten.

1.3 Unterräume, Linearkombinationen, lineare Unabhängigkeit

Definition 1: Eine nichtleere Teilmenge U eines Vektorraumes V, $U \subseteq V$, wird *Unterraum* von V genannt, wenn gilt

(1) aus $a \in U$ und $b \in U$ folgt $a + b \in U$,
(2) aus $\lambda \in R$ und $a \in U$ folgt $\lambda a \in U$.

Ein Unterraum eines Vektorraumes ist selbst ein Vektorraum und muß somit auch den Nullvektor enthalten.

In Abb. 2 bildet die durch die Vektoren a_1 und a_2 des R^3 aufgespannte Ebene einen zweidimensionalen Unterraum im dreidimensionalen Raum, der durch die Vektoren a_1, a_2 und a_3 aufgespannt wird.

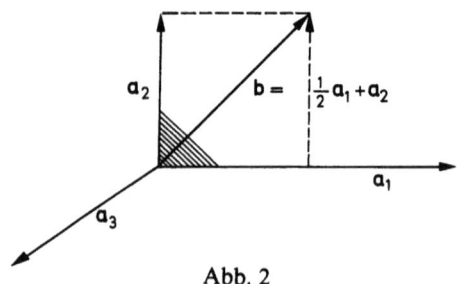

Abb. 2

Bemerkung: Man kann zeigen, daß der Durchschnitt beliebig vieler Unterräume eines Vektorraumes V wieder ein Unterraum von V ist.

Definition 2: Gegeben sei ein Vektorraum V, der endlich viele Elemente $a_1, a_2, \ldots, a_n$ enthält. Ein Vektor, der sich in der Form $\lambda_1 a_1 + \cdots + \lambda_n a_n$ darstellen läßt, heißt *Linearkombination* der Vektoren $a_1, \ldots, a_n$, wobei λ_i, $i = 1, \ldots, n$, reelle Zahlen sind.

Linearkombinationen von Vektoren, bei denen sämtliche $\lambda_i > 0$ sind, nennt man *positive* Linearkombinationen. Dazu gehören die *konvexen* Linearkombinationen, für die zusätzlich $\sum_{i=1}^{n} \lambda_i = 1$ gilt.

Man betrachte eine beliebige Teilmenge T eines Vektorraumes V. Mit S werde das System aller Unterräume $U \subseteq V$ bezeichnet, für die auch $T \subseteq U$ gilt. Das System S ist nicht leer, da $V \in S$ ist. Der Durchschnitt D der Unterräume U, die aus dem System S sind, bildet nach der Bemerkung wieder einen Unterraum, und er enthält die Menge T; D ist der von der Menge T aufgespannte Unterraum. Eine Teilmenge T von V ist genau dann ein Unterraum von V, wenn $T = D$ ist.

Definition 3: Ein Vektor heißt Linearkombination einer nichtleeren Teilmenge $T \subset V$, wenn er eine Linearkombination endlich vieler Vektoren aus T ist.

Dann gilt der

Satz 1: Der Unterraum $D \subset V$ besteht aus genau allen Linearkombinationen von T.

Beweis: Die Menge aller Linearkombinationen von T werde mit T^* bezeichnet. Durch Addition zweier Linearkombinationen von T oder durch Multiplikation einer solchen mit λ erhält man wieder eine Linearkombination von T, woraus folgt, daß T^* ein Unterraum von V ist. Jeder Vektor $a \in T$ ist eine Linearkombination von T, da zum Beispiel $a = 1a$ ist, und somit folgt $T \subseteq T^*$ und daraus $D \subseteq T^*$. Umgekehrt muß der Unterraum D auch jede Linearkombination von T enthalten, also $T^* \subseteq D$, und es ist somit $T^* = D$. □

Endlich viele Vektoren $a_1, \ldots, a_n$ eines Vektorraumes V spannen also einen Unterraum $V^* = D$ von V auf, und nach Satz 1 läßt sich jeder Vektor aus V^* als Linearkombination von $a_1, \ldots, a_n$ darstellen.

Definition 4: Die Vektoren a_i, $i = 1, \ldots, n$, heißen *linear unabhängig*, wenn die Beziehung

$$\lambda_1 a_1 + \lambda_2 a_2 + \cdots + \lambda_n a_n = \sum_{i=1}^{n} \lambda_i a_i = 0$$

nur für die Zahlen $\lambda_1 = \lambda_2 = \cdots = \lambda_n = 0$ bestehen kann. Gibt es hingegen einzelne λ_i, die nicht verschwinden und die obige Beziehung ist immer noch erfüllt, so sind die Vektoren *linear abhängig*.

Liegen drei Vektoren a_1, a_2, a_3 des R^3 mit einem gegebenen Anfangspunkt 0 alle in derselben Ebene (Abb. 3), dann sind sie linear abhängig, weil schon zwei Vektoren, zum Beispiel a_1 und a_2, die Ebene aufspannen. Der Vektor a_3 läßt sich deshalb durch eine geeignete Kombination von a_1 und a_2 darstellen.

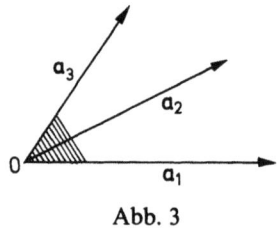

Abb. 3

Liegen drei Vektoren a_1, a_2, a_3 des R^3 nicht in derselben Ebene (Abb. 4), so sind sie linear unabhängig. Sie spannen den R^3 auf.

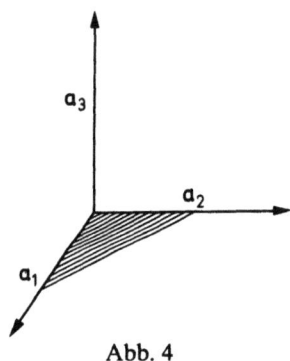

Abb. 4

Satz 2: Unter linear unabhängigen Vektoren kommt nie der Nullvektor vor.

Beweis: Gegeben seien die Vektoren $a_1, a_2, \ldots, a_n$, mit $a_n = 0$. Die Linearkombination

$$\lambda_1 a_1 + \lambda_2 a_2 + \cdots + \lambda_n a_n = 0$$

ist auch dann erfüllt, wenn $\lambda_n \neq 0$ ist; sie hat nicht bloß die triviale Nullösung $\lambda_1 = \lambda_2 = \cdots = \lambda_n = 0$, so daß die Vektoren, unter denen der Nullvektor vorkommt, linear abhängig sind. □

Satz 3: Entfernt man aus n linear unabhängigen Vektoren einen oder mehrere Vektoren, so sind die restlichen Vektoren weiterhin linear unabhängig.

Beweis: Entfernt man aus den n unabhängigen Vektoren $a_1, a_2, \ldots, a_n$, zum Beispiel den Vektor a_1 und hat dann die Gleichung

$$\lambda_2 a_2 + \lambda_3 a_3 + \cdots + \lambda_n a_n = 0,$$

eine nichttriviale Lösung für $\lambda_2, \ldots, \lambda_n$, so hat auch die ursprüngliche Gleichung

$$\lambda_1 a_1 + \lambda_2 a_2 + \cdots + \lambda_n a_n = 0$$

eine nichttriviale Lösung. Dies widerspricht aber der Voraussetzung, daß $a_1, \ldots, a_n$ linear unabhängig sind. □

Satz 4: Sind die Vektoren $a_1, \ldots, a_n$ linear abhängig, so ist wenigstens einer unter ihnen eine Linearkombination der übrigen.

Beweis: Es sei

$$\lambda_1 a_1 + \cdots + \lambda_n a_n = 0 \quad \text{und} \quad \lambda_1 \neq 0.$$

Dividiert man die obige Gleichung durch λ_1 und nimmt a_1 auf die linke Seite der Gleichung, dann ergibt sich

$$a_1 = -\frac{\lambda_2}{\lambda_1} a_2 - \frac{\lambda_3}{\lambda_1} a_3 - \cdots - \frac{\lambda_n}{\lambda_1} a_n;$$

somit ist a_1 eine Linearkombination der übrigen Vektoren. □

Satz 5: Ist der Vektor b eine Linearkombination der Vektoren $a_1, a_2, \ldots, a_n$, so sind die Vektoren

$$b, a_1, a_2, \ldots, a_n$$

linear abhängig.

Beweis: Wenn b eine Linearkombination von $a_1, a_2, \ldots, a_n$ ist, so gilt

$$b = \lambda_1 a_1 + \lambda_2 a_2 + \cdots + \lambda_n a_n.$$

Daraus folgt aber:

$$1 \cdot b - \lambda_1 a_1 - \lambda_2 a_2 - \cdots - \lambda_n a_n = 0.$$

Da der erste Koeffizient schon von 0 verschieden ist, erkennt man, daß die $n+1$ Vektoren $b, a_1, \ldots, a_n$ linear abhängig sind. □

Man kann den Begriff der linearen Unabhängigkeit einer Anzahl von Vektoren auf nicht notwendig endliche Mengen von Vektoren erweitern.

Definition 5: Eine Menge $T \subseteq V$ von Vektoren heißt *linear unabhängig*, wenn jede endliche Teilmenge von ihr linear unabhängig ist. Ist dies nicht der Fall, so heißt T *linear abhängig*.

Satz 6: Eine Menge T von mindestens zwei Vektoren ist genau dann linear abhängig, wenn es wenigstens einen Vektor $b \in T$ gibt, der sich als Linearkombination von untereinander verschiedenen Vektoren $a_1, \ldots, a_n \in T$ schreiben läßt, wobei die $a_i \neq b$, $i = 1, \ldots, n$, sind.

Der Beweis folgt unmittelbar aus den Sätzen 4 und 5.

1.4 Rang eines Vektorsystems

Ein *Vektorsystem* ist eine endliche Menge von Vektoren $a_1, a_2, \ldots, a_n$ in einem linearen Raum.

Definition 1: Die maximale Anzahl linear unabhängiger Vektoren in einem Vektorsystem $a_1, \ldots, a_n$ heißt *Rang r* des Systems. Dies bedeutet, daß in einem Vektorsystem mit dem Rang r mehr als r Vektoren stets linear abhängig sind.

Die Vektoren a_1 und a_2 der Abb. 5a weisen den Rang 1 auf. Vom Rang 2 ist das System der Vektoren b_1 und b_2 der Abb. 5b. Die Abb. 5c vermittelt in R^3 ein Vektorsystem c_1, c_2, c_3, c_4, das den Rang 3 aufweist, wobei angenommen wird, daß c_4 in der Ebene liegt, die durch die Vektoren c_1 und c_2 aufgespannt wird.

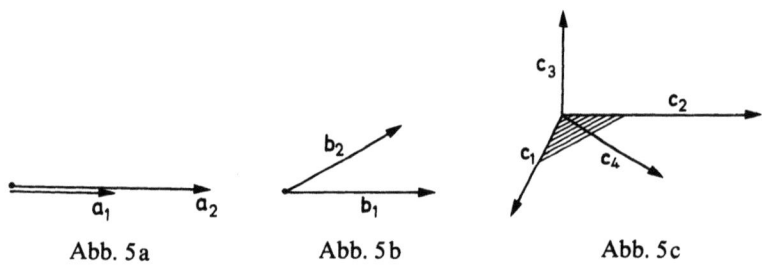

Abb. 5a   Abb. 5b   Abb. 5c

Der zentrale Satz über den Rang eines Vektorsystems sagt nun folgendes aus:

Satz 1: Jeder Vektor eines Systems $a_1, \ldots, a_n$, das den Rang $r < n$ aufweist, ist eine eindeutige Linearkombination von irgendwelchen r linear unabhängigen Vektoren des Systems.

Beweis: Der Rang des Vektorsystems $a_1, a_2, \ldots, a_n$ sei r. Ohne Beschränkung der Allgemeinheit kann man annehmen, daß die ersten r Vektoren linear unabhängig sind. Die ersten $r+1$ Vektoren

$$a_1, a_2, \ldots, a_r, a_{r+1}$$

sind dann also linear abhängig. Somit existiert eine nichttriviale Lösung für $\lambda_i, i=1, \ldots, r+1$, so daß

$$\lambda_1 a_1 + \lambda_2 a_2 + \cdots + \lambda_r a_r + \lambda_{r+1} a_{r+1} = 0.$$

Da man annehmen darf $\lambda_{r+1} \neq 0$, kann man

$$a_{r+1} = -\frac{\lambda_1}{\lambda_{r+1}} a_1 - \frac{\lambda_2}{\lambda_{r+1}} a_2 - \cdots - \frac{\lambda_r}{\lambda_{r+1}} a_r$$

schreiben, womit der erste Teil bewiesen ist. Um die Eindeutigkeit nachzuweisen, nimmt man an, der Vektor a_{r+1} lasse sich auf zwei verschiedene Arten darstellen, nämlich mit

und
$$a_{r+1} = h_1 a_1 + h_2 a_2 + \cdots + h_r a_r$$
$$a_{r+1} = k_1 a_1 + k_2 a_2 + \cdots + k_r a_r.$$

Subtrahiert man die beiden Gleichungen, so erhält man
$$0 = (h_1 - k_1) a_1 + (h_2 - k_2) a_2 + \cdots + (h_r - k_r) a_r.$$

Da die Vektoren $a_1, \ldots, a_r$ linear unabhängig sind, kann die obige Gleichheit nur gelten, wenn alle Koeffizienten verschwinden, es muß also $h_1 = k_1, h_2 = k_2, \ldots, h_r = k_r$ sein. □

Aus Abb. 5c erkennt man, daß der Rang eines Systems unverändert bleibt, wenn aus dem System ein Vektor herausgenommen wird, der sich als Linearkombination der anderen darstellen läßt. Entfernt man den Vektor c_4, so behält das System den Rang 3 bei. Entfernt man hingegen c_3, so reduziert sich der Rang auf $r=2$.

Lassen sich die Vektoren $a_1, a_2, \ldots, a_n$ als Linearkombination des Systems $b_1, b_2, \ldots, b_m$ darstellen mit $m < n$, so ist der Rang des Systems $a_1, a_2, \ldots, a_n$ höchstens m.

1.5 Basis, Dimension, Koordinaten

Definition 1: Eine Teilmenge T eines Vektorraumes V, die linear unabhängig ist und den ganzen Raum V aufspannt, ist eine *Basis* von V.

Satz 1: Sei $(a_1, \ldots, a_n)$ eine Basis von V und $b = \lambda_1 a_1 + \cdots + \lambda_n a_n$ ein Vektor aus V. Ist $\lambda_i \neq 0$, dann bilden die Vektoren $a_1, \ldots, a_{i-1}, b, a_{i+1}, \ldots, a_n$ wieder eine Basis von V.

Beweis: Es muß gezeigt werden, daß die Vektoren $a_1, \ldots, a_{i-1}, b, a_{i+1}, \ldots, a_n$ linear unabhängig sind. Für eine Linearkombination

$$\xi_1 a_1 + \xi_2 a_2 + \cdots + \xi_{i-1} a_{i-1} + \xi_i b + \xi_{i+1} a_{i+1} + \cdots + \xi_n a_n = 0$$

hat also die Beziehung $\xi_1 = \xi_2 = \cdots = \xi_n = 0$ zu gelten. Ersetzt man b durch $\lambda_1 a_1 + \cdots + \lambda_n a_n$, so erhält man:

$$\xi_1 a_1 + \cdots + \xi_{i-1} a_{i-1} + \xi_i \lambda_1 a_1 + \cdots + \xi_i \lambda_n a_n + \xi_{i+1} a_{i+1} + \cdots + \xi_n a_n = 0$$

oder

$$(\xi_1 + \xi_i \lambda_1) a_1 + \cdots + (\xi_{i-1} + \xi_i \lambda_{i-1}) a_{i-1} + \xi_i \lambda_i a_i$$
$$+ (\xi_{i+1} + \xi_i \lambda_{i+1}) a_{i+1} + \cdots + (\xi_n + \xi_i \lambda_n) a_n = 0$$

und
$$\sum_{\substack{j=1 \\ j \neq i}}^{n} (\xi_j + \xi_i \lambda_j) a_j + \xi_i \lambda_i a_i = 0.$$

Da die Vektoren $a_1, \ldots, a_n$ nach Voraussetzung linear unabhängig sind, folgt:

(1) $\quad\quad\quad\quad \xi_j + \xi_i \lambda_j = 0 \quad$ für $j \neq i$

und ebenfalls

(2) $\quad\quad\quad\quad \xi_i \lambda_i = 0.$

Da aber $\lambda_i \neq 0$, folgt aus (2) $\xi_i = 0$ und weiter aus (1), $\xi_j = 0$, für $j = 1, \ldots, i-1, i+1, \ldots, n$. Damit ist die lineare Unabhängigkeit der Vektoren

$$a_1, a_2, \ldots, a_{i-1}, b, a_{i+1}, \ldots, a_n$$

nachgewiesen. ☐

Der Satz 1 läßt sich zum sogenannten *Austauschsatz von* STEINITZ erweitern:

Satz 2: Sind $b_1, \ldots, b_k$ linear unabhängige Vektoren aus V und ist $(a_1, \ldots, a_n)$ eine Basis von V, $(k \leq n)$, dann kann man k Vektoren der Basis $(a_1, \ldots, a_n)$ gegen die Vektoren $b_1, \ldots, b_k$ austauschen.

Beweis: Der Vektor b_1 läßt sich als Linearkombination der Basisvektoren darstellen:

$$b_1 = \sum_{i=1}^{n} \lambda_i a_i.$$

Da wenigstens ein $\lambda_i \neq 0$ sein muß, kann man ohne Einschränkung der Allgemeinheit annehmen, daß $\lambda_1 \neq 0$ ist, eventuell nach geeigneter Umnumerierung. Nach Satz 1 bilden dann die Vektoren $b_1, a_2, \ldots, a_n$ eine Basis von V. Nun kann man den Vektor b_2 durch die neue Basis $b_1, a_2, \ldots, a_n$ ausdrücken:

$$b_2 = \eta_1 b_1 + \sum_{i=2}^{n} \eta_i a_i.$$

Wiederum ohne Einschränkung der Allgemeinheit sei $\eta_2 \neq 0$, und da nach Voraussetzung $\eta_1 \neq 0$ ist, bilden somit die Vektoren $b_1, b_2, a_3, \ldots, a_n$ nach Satz 1 eine Basis von V.

Dieses Verfahren k-mal angewandt, ergibt eine Basis, in der alle b_i, $i = 1, \ldots, k$, enthalten sind.

Die Vektoren

$$b_1, b_2, \ldots, b_k, a_{k+1}, \ldots, a_n$$

sind somit eine Basis von V. ☐

Aus dem Satz 2 erhält man die

Folgerung: Gegeben seien zwei Basen $(a_1, \ldots, a_n)$ und $(b_1, \ldots, b_k)$ eines Vektorraumes V. Dann ist $k \leq n$ und da die Basen gleichberechtigt sind auch $n \leq k$, somit ist $k = n$.

In einem Vektorraum, der eine endliche Basis besitzt, haben alle anderen Basen die gleiche Anzahl von Vektoren und somit auch den gleichen Rang. In einem Vektorraum mit einer unendlichen Basis sind auch alle anderen Basen unendlich.

Definition 2: Gegeben sei ein Vektorraum V mit einer endlichen Basis. Alle Basen von V haben die gleiche Anzahl von Vektoren. Diese Anzahl nennt man die *Dimension* von V und bezeichnet sie mit $\dim V$.

Definition 3: Gegeben sei ein Vektorraum, der keine endliche Basis besitzt. Dann heißt er *unendlich-dimensional*: $\dim V = \infty$. Die Dimension des Nullraumes ist null.

V sei ein endlich-dimensionaler Vektorraum mit $\dim V = n$, $0 < n < \infty$, $X = (x_1, x_2, \ldots, x_n)$ sei eine Basis von V und $a \in V$. Dann kann der Vektor a als Linearkombination der Basisvektoren dargestellt werden:

(3) $$a = \xi_1 x_1 + \cdots + \xi_n x_n.$$

Definition 4: Als *Koordinaten* des Vektors a bezüglich der Basis X bezeichnet man die in (3) auftretenden Koeffizienten $\xi_1, \ldots, \xi_n$, die eindeutig durch a und X bestimmt sind.

Ist b ebenfalls eine Linearkombination derselben Basisvektoren $x_1, \ldots, x_n$, zum Beispiel

$$b = \eta_1 x_1 + \cdots + \eta_n x_n,$$

so ist der Summen- beziehungsweise der Differenzvektor von a und b,

$$a + b = (\xi_1 + \eta_1) x_1 + \cdots + (\xi_n + \eta_n) x_n$$
$$a - b = (\xi_1 - \eta_1) x_1 + \cdots + (\xi_n - \eta_n) x_n.$$

Die Multiplikation des Vektors a mit der reellen Zahl λ ergibt

$$\lambda a = (\lambda \xi_1) x_1 + \cdots + (\lambda \xi_n) x_n.$$

Bei der Addition (Subtraktion) zweier Vektoren muß man also die entsprechenden Koordinaten addieren (subtrahieren); bei der Multiplikation eines Vektors mit einer reellen Zahl λ ist jede Koordinate mit λ zu multiplizieren.

Faßt man nun die Koordinaten $\xi_1, \xi_2, \ldots, \xi_n$ des Vektors a bezüglich der Basis X und die Koordinaten $\eta_1, \eta_2, \ldots, \eta_n$ des Vektors b bezüglich der Basis X zu n-tupeln zusammen,

$$(\xi_1, \xi_2, \ldots, \xi_n) \quad \text{bzw.} \quad (\eta_1, \eta_2, \ldots, \eta_n),$$

so kann man mit den Vektoren a und b rechnen, indem man mit den entsprechenden n-tupeln rechnet. Es sei deshalb jetzt auf das Rechnen mit n-tupeln näher eingegangen.

1.6 n-dimensionaler reeller Zahlenraum

Definition 1: Die Menge R^n aller geordneten n-tupel reeller Zahlen,
$$R^n = \{(a_1, \ldots, a_n) | a_i \in R \text{ für } i = 1, \ldots, n\},$$
heißt n-faches *kartesisches Produkt* von R.
Mit der Addition
$$(a_1, \ldots, a_n) + (b_1, \ldots, b_n) = (a_1 + b_1, \ldots, a_n + b_n)$$
und der skalaren Multiplikation
$$\lambda(a_1, \ldots, a_n) = (\lambda a_1, \ldots, \lambda a_n)$$
wird R^n zu einem n-dimensionalen linearen Raum, der „n-dimensionaler reeller Zahlenraum" heißt. $(0, \ldots, 0)$ ist der Nullvektor und das inverse Element von $(a_1, \ldots, a_n)$ ist $(-a_1, \ldots, -a_n)$. Die Vektoren aus R^n werden auch „reelle n-Vektoren" genannt. Die Sonderfälle R^2 und R^3 wurden bereits in Abschn. 1.2 eingeführt.

Es erweist sich als zweckmäßig, reelle n-Vektoren $a \in R^n$ als *Spaltenvektoren* zu schreiben,

$$a = \begin{pmatrix} a_1 \\ a_2 \\ \vdots \\ a_n \end{pmatrix}.$$

a' bzw. a^T bezeichnet dann einen *Zeilenvektor*,

$$a' = a^T = (a_1, \ldots, a_n).$$

Man nennt $a_1, a_2, \ldots, a_n$ die *Komponenten* des n-Vektors a.

Definition 2: Ein Vektor $a = \begin{pmatrix} a_1 \\ a_2 \\ \vdots \\ a_n \end{pmatrix}$ heißt

– *positiv:* $a > 0$, wenn $a_i > 0$, $i = 1, \ldots, n$,
– *semipositiv:* $a \geq 0$, wenn wenigstens ein $a_i > 0$ und alle übrigen $a_i = 0$,
– *nichtnegativ:* $a \geqq 0$, wenn $a \geq 0$ oder $a = 0$ ist.

Für zwei n-Vektoren a und b gelten dann die folgenden Beziehungen:

$$a = b, \quad \text{wenn} \quad a - b = 0;$$
$$a > b, \quad \text{wenn} \quad a - b > 0;$$
$$a \geq b, \quad \text{wenn} \quad a - b \geq 0;$$
$$a \geqq b, \quad \text{wenn} \quad a - b \geqq 0.$$

Definition 3: Unter dem *skalaren Produkt* zweier reeller n-Vektoren

$$a = \begin{pmatrix} a_1 \\ a_2 \\ \vdots \\ a_n \end{pmatrix} \quad \text{und} \quad b = \begin{pmatrix} b_1 \\ b_2 \\ \vdots \\ b_n \end{pmatrix}$$

versteht man den Ausdruck

$$a_1 b_1 + a_2 b_2 + \cdots + a_n b_n = \sum_{i=1}^{n} a_i b_i.$$

Das skalare Produkt ist also eine reelle Zahl. Es ist zweckmäßig, das skalare Produkt als Produkt des Zeilenvektors a' mit dem Spaltenvektor b in der folgenden Weise anzugeben:

$$a' b = (a_1, a_2, \ldots, a_n) \cdot \begin{pmatrix} b_1 \\ b_2 \\ \vdots \\ b_n \end{pmatrix}.$$

Beispiel:

$$a' = (2, 1, 0, 3), \quad b = \begin{pmatrix} 1 \\ -2 \\ 6 \\ 5 \end{pmatrix}$$

$$a' b = 2 \cdot 1 + 1 \cdot (-2) + 0 \cdot 6 + 3 \cdot 5 = 15.$$

Aus der Definition des skalaren Produkts geht sofort hervor, daß die folgenden Relationen gelten:

$$a' b = b' a \qquad \text{Kommutativgesetz}$$

$$\begin{aligned} a'(b + c) &= a' b + a' c \\ (a' + b') c &= a' c + b' c \end{aligned} \quad \text{Distributivgesetze}$$

Mit Hilfe des skalaren Produkts kann man eine Metrik, eine Längenmessung, einführen.

Definition 4: Als *absoluter Betrag*, *Norm* oder *Länge* des Vektors $a \in R^n$ wird der Ausdruck

$$\|a\| = \sqrt{a'a} = \sqrt{a_1^2 + a_2^2 + \cdots + a_n^2}$$

bezeichnet.
Die Norm hat die folgenden Eigenschaften:

(1) $\qquad\qquad\qquad \|a\| \geq 0.$

Es ist dann und nur dann $\|a\| = 0$, wenn $a = 0$.

(2) $\qquad\qquad\qquad \|\lambda a\| = |\lambda| \cdot \|a\|,$

(3) $\qquad\qquad\qquad \|a + b\| \leq \|a\| + \|b\|.$

Die beiden ersten Eigenschaften folgen unmittelbar aus der Definition des Skalarproduktes. Der Beweis der Eigenschaft (3), der sogenannten Dreiecksungleichung, setzt den folgenden Hilfssatz voraus:

Hilfssatz: Für beliebige Vektoren a und $b \in R^n$ gilt:

(4) $\qquad\qquad\qquad |a'b| \leq \|a\| \cdot \|b\|.$

Die Gleichheit gilt dann und nur dann, wenn $a = \lambda b$ ist für eine reelle Zahl λ.

Beweis: Ist $a = 0$ oder $b = 0$, so gilt $|a'b| = \|a\| \cdot \|b\| = 0$. Ist $b \neq 0$, gilt für jede reelle Zahl λ

$$0 \leq \|a + \lambda b\|^2 = \|a\|^2 + 2\lambda a'b + \lambda^2 \|b\|^2$$
(5)
$$= \left(\frac{a'b}{\|b\|} + \lambda \|b\|\right)^2 + \|a\|^2 - \frac{(a'b)^2}{\|b\|^2}.$$

Wählt man ein $\lambda = \lambda_0$, so daß

$$\frac{a'b}{\|b\|} + \lambda_0 \|b\| = 0$$

folgt, ergibt sich

$$(a'b)^2 \leq \|a\|^2 \cdot \|b\|^2 \quad \text{und} \quad |a'b| \leq \|a\| \cdot \|b\|.$$

Ist $a = \lambda b$, erhält man

$$|a'b| = |\lambda b'b| = |\lambda| \cdot \|b\|^2 = |\lambda| \|b\| \cdot \|b\| = \|a\| \cdot \|b\|.$$

Falls $(a'b)^2 = \|a\|^2 \cdot \|b\|^2$ ist, so folgt aus der Beziehung (5)

$$0 \leq \|a + \lambda b\|^2 = \left(\frac{a'b}{\|b\|} + \lambda \|b\|\right)^2, \quad \text{für jedes } \lambda \in R.$$

Für ein $\lambda = \lambda_0$ gilt somit $\|a + \lambda_0 b\| = 0$, und es folgt unmittelbar
$$a = -\lambda_0 b. \quad \square$$

Damit läßt sich die Dreiecksungleichung (3) beweisen:
$$\|a+b\|^2 = \|a\|^2 + 2a'b + \|b\|^2$$
$$\leq \|a\|^2 + 2\|a\| \cdot \|b\| + \|b\|^2 = (\|a\| + \|b\|)^2. \quad \square$$

Der Begriff $\|a\|$ wird als die euklidische Norm bezeichnet. Ist in einem Vektorraum V eine Norm definiert, so nennt man V einen normierten Vektorraum; insbesondere ist R^n ein normierter Vektorraum.

Definition 5: Vektoren mit der Norm eins heißen *Einheitsvektoren* oder *normierte* Vektoren.

Ein Vektor $a \neq 0$ mit einer von eins verschiedenen Norm läßt sich immer durch Multiplikation mit dem Skalar $\dfrac{1}{\|a\|}$ auf die Norm eins bringen: $\left\| \dfrac{a}{\|a\|} \right\| = 1$.

Das skalare Produkt zweier Vektoren kann 0 sein, ohne daß einer der beiden Vektoren der Nullvektor ist. Das gilt zum Beispiel für die beiden Einheitsvektoren

$$e_1 = \begin{pmatrix} 1 \\ 0 \end{pmatrix} \quad \text{und} \quad e_2 = \begin{pmatrix} 0 \\ 1 \end{pmatrix},$$

denn es ist
$$e_1' \cdot e_2 = 1 \cdot 0 + 0 \cdot 1 = 0.$$

Auch für die beiden speziellen Vektoren

$$a' = (2, 4, -1) \quad \text{und} \quad b = \begin{pmatrix} 3 \\ 2 \\ 14 \end{pmatrix}$$

ist $a'b = 0$.

Definition 6: Haben zwei Vektoren ein skalares Produkt mit dem Wert null, so heißen sie zueinander *orthogonal*. Sind die m Vektoren $a_1, \ldots, a_m$ des R^n paarweise zueinander orthogonal, $a_i' a_j = 0$, für alle i und j, mit $i \neq j$, dann nennt man das Vektorsystem $M = \{a_1, a_2, \ldots, a_m\}$ ein *Orthogonalsystem*.

Satz 1: Jedes Orthogonalsystem ist linear unabhängig.

Beweis: Für das Orthogonalsystem M muß man zeigen, daß in der Linearkombination

(1) $$\xi_1 a_1 + \cdots + \xi_m a_m = 0$$

nur die triviale Lösung
$$\xi_1 = \xi_2 = \cdots = \xi_m = 0$$
gilt.

Bildet man zum Beispiel
$$\xi_1 a_1' a_1 + \xi_2 a_1' a_2 + \cdots + \xi_m a_1' a_m = a_1' \cdot 0 = 0,$$
so ist
$$a_1' a_1 \neq 0$$
und somit
$$\xi_1 = 0.$$

Fährt man auf diese Weise fort und multipliziert die Linearkombination (1) einzeln mit den Vektoren $a_2, \ldots, a_m$, dann erhält man
$$\xi_1 = \xi_2 = \cdots = \xi_m = 0. \quad \Box$$

Spannen die orthogonalen Vektoren $a_1, \ldots, a_m$ den ganzen Raum R^n auf, so bilden sie eine Basis des R^n und es gilt $m = n$.

Besteht ein Orthogonalsystem ausschließlich aus normierten Vektoren, so heißt es *Orthonormalsystem*.

Benutzt man das sogenannte *Kronecker-Symbol*,
$$\delta_{ij} = \begin{cases} 0 & \text{für } i \neq j, \\ 1 & \text{für } i = j, \end{cases}$$
dann kann man die Skalarprodukte der Vektoren eines Orthonormalsystems $a_1, \ldots, a_m$ mit
$$a_i' a_j = \delta_{ij}$$
ausdrücken.

Ist ein Orthonormalsystem zugleich Basis des Vektorraumes R^n, so nennt man es eine *Orthonormalbasis*.

Definition 7: Das Vektorsystem
$$e_1 = \begin{pmatrix} 1 \\ 0 \\ 0 \\ \vdots \\ 0 \end{pmatrix}, \quad e_2 = \begin{pmatrix} 0 \\ 1 \\ 0 \\ \vdots \\ 0 \end{pmatrix}, \ldots, \quad e_n = \begin{pmatrix} 0 \\ 0 \\ 0 \\ \vdots \\ 1 \end{pmatrix}$$
des R^n heißt *kanonische Basis* des R^n.

Die kanonische Basis des R^n ist eine Orthonormalbasis des R^n.

Ein Vektor $a = \begin{pmatrix} a_1 \\ a_2 \\ \vdots \\ a_n \end{pmatrix}$ des R^n läßt sich als Linearkombination der

kanonischen Basis wie folgt darstellen:
$$a = a_1 e_1 + a_2 e_2 + \cdots + a_n e_n.$$
Die Koordinaten von a bezüglich der kanonischen Basis stimmen also überein mit den Komponenten von a.

Beispiel: Um ein Koordinatensystem für Vektoren aus dem R^2 einzuführen, wählt man die Orthonormalbasis
$$e_1 = (1,0)', \quad e_2 = (0,1)'.$$
Die gerichteten Strecken, die durch e_1 und e_2 gegeben sind, werden als die Koordinatenachsen bezeichnet. Ein Vektor $a' = (a_1, a_2)$ läßt sich nun wie folgt angeben:
$$a' = (a_1, a_2) = a_1 e_1' + a_2 e_2' = a_1(1,0) + a_2(0,1)$$
Der Ausdruck verschwindet, da das System (e_1, e_2) linear unabhängig ist, dann und nur dann, wenn $a_1 = a_2 = 0$. Dies ist der Spezialfall des rechtwinkligen Koordinatensystems in der Ebene.

2. Lineare Abbildungen und Matrizen

2.1 Lineare Abbildungen

2.1.1 Definition, Kern und Rang einer linearen Abbildung

A und B seien beliebige Mengen. Eine Vorschrift f, die jedem Element $x \in A$ ein Element $f(x) \in B$ zuordnet, heißt *Abbildung* von A in B, in Zeichen $f: A \to B$. Die Menge A nennt man *Definitionsbereich* von f und die Menge B *Wertebereich* von f. Das Element $f(x)$ heißt *das Bild* von x und x heißt *ein Urbild* des Elementes $f(x)$.

Definition 1: V und W seien lineare Räume und f sei eine Abbildung von V in W. f heißt *linear*, wenn gilt

(1) $$f(x_1 + x_2) = f(x_1) + f(x_2)$$

(2) $$f(\lambda x) = \lambda \cdot f(x).$$

Diese beiden Gleichungen lassen sich zu

(3) $$f(\lambda x_1 + \mu x_2) = \lambda f(x_1) + \mu f(x_2)$$

zusammenfassen, wobei x, x_1 und x_2 Vektoren in V und λ, μ beliebige Skalare sind.

Aus dieser Definition kann man sofort eine wichtige Folgerung ableiten: Setzt man in (2) $\lambda = 0$, so erhält man $f(0) = 0$; der Nullvektor von V wird in den Nullvektor von W abgebildet.

Satz 1: Ist $x_1, \ldots, x_n$ ein System von linear abhängigen Vektoren aus V, dann ist auch das System der Bild-Vektoren $f(x_1), \ldots, f(x_n)$ linear abhängig.

Beweis: Ein System von Vektoren heißt linear abhängig, wenn eine Gleichung

$$\sum_{i=1}^{n} \lambda_i x_i = 0$$

besteht, in der wenigstens ein $\lambda_i \neq 0$ ist. Dann ist auch

$$f\left(\sum_{i=1}^{n} \lambda_i x_i\right) = 0$$

und mit der Beziehung (3) gilt

$$\sum_{i=1}^{n} \lambda_i f(x_i) = 0,$$

die Vektoren $f(x_1), \ldots, f(x_n)$ sind also ebenfalls linear abhängig. □
Linear unabhängige Vektoren aus V werden aber nicht in jedem Fall in linear unabhängige Vektoren abgebildet. Dies läßt sich an einem einfachen Beispiel einsehen: Man definiert eine lineare Abbildung g durch $g(x_i) = 0$, für alle $x_i \in V$.

Jedes System von Vektoren $x_i \in V$ wird durch g in den linear abhängigen Nullvektor abgebildet.

Definition 2: Die Menge der Vektoren $x \in V$ für die $f(x) = 0$ bildet einen linearen Unterraum von V, der *Kern von f*, $K(f)$, genannt wird.

Definition 3: Eine lineare Abbildung $f: V \to W$ heißt *regulär*, wenn der Kern nur aus dem Nullvektor besteht.

Mit Hilfe dieser beiden Definitionen kann man den folgenden Satz formulieren:

Satz 2: Eine reguläre Abbildung $f: V \to W$ bildet jedes System von linear unabhängigen Vektoren aus V in ein System von linear unabhängigen Vektoren aus W ab.

Beweis: Sei $x_1, \ldots, x_n$ ein System von linear unabhängigen Vektoren. Man muß zeigen, daß die Beziehung

(1) $$\sum_{i=1}^{n} \lambda_i f(x_i) = 0$$

nur für die triviale Lösung $\lambda_i = 0$, $(i = 1, \ldots, n)$ möglich ist. Nach Definition 1 ist

$$f\left(\sum_{i=1}^{n} \lambda_i x_i\right) = 0,$$

und wegen der Definitionen 2 und 3 ist dann

$$\sum_{i=1}^{n} \lambda_i x_i = 0.$$

Aus der linearen Unabhängigkeit der Vektoren $x_1, \ldots, x_n$ folgt dann

$$\lambda_i = 0, \quad i = 1, \ldots, n.$$

Bei einer regulären linearen Abbildung werden linear unabhängige Vektoren aus V auf linear unabhängige Vektoren aus W abgebildet.

Einem gegebenen Bildvektor können daher nicht mehrere linear unabhängige Urbildvektoren entsprechen. Man sagt auch, die Abbildung sei eineindeutig, *injektiv*, oder eine *Injektion*. □

Definition 4: Gegeben sei eine lineare Abbildung $f: V \to W$. Die Menge aller Vektoren $f(x)$ mit $x \in V$ wird der *Bildraum* von V, $f(V)$, genannt.

Definition 5: Fällt der Bildraum von V mit dem ganzen Raum W zusammen, so wird f eine lineare Abbildung von V *auf* W genannt, die Abbildung ist *surjektiv* oder eine *Surjektion*.

Definition 6: Haben die Vektorräume V und W endliche Dimensionen, dann nennt man die Dimension des Bildraumes $f(V)$ den Rang von f und bezeichnet ihn mit $r(f)$.

Satz 3: Der Rang r einer linearen Abbildung $f: V \to W$ übersteigt nie die Dimension von V oder W.

Beweis: Aus der Definition 4 sieht man, daß $f(V) \subset W$ ist und daraus folgt

$$r(f) \leq \dim W,$$

wobei selbstverständlich die Gleichheit nur dann gilt, wenn f surjektiv ist. Da linear abhängige Vektoren aus V in linear abhängige Vektoren aus W abgebildet werden, ist ferner

$$r(f) \leq \dim V. \quad \square$$

2.1.2 Isomorphismus, Endomorphismus, Automorphismus

Definition 1: Eine lineare Abbildung $f: V \to W$ wird *Isomorphismus* genannt, wenn f gleichzeitig injektiv und surjektiv ist. Ein Isomorphismus ist also eine reguläre lineare Abbildung von V auf W.

Definition 2: Sei f ein Isomorphismus von V auf W. Dann existiert zu jedem Vektor $y \in W$ genau ein Vektor $x \in V$, derart, daß $y = f(x)$. Eine lineare Abbildung $f^{-1}: W \to V$ mit

$$f^{-1}(y) = x$$

heißt *inverse Abbildung* von f; f^{-1} ist ebenfalls ein Isomorphismus.

Zwei lineare Räume V und W heißen *isomorph*, wenn ein Isomorphismus von V auf W existiert.

Satz 1: Seien V und W zwei lineare Räume endlicher Dimension und f ein Isomorphismus von V auf W. Dann haben V und W die gleiche Dimension.

Beweis: Einerseits ist nach Satz 3 aus Abschn. 2.1.1
$$\dim W = \dim f(V) \le \dim V,$$
andererseits gilt aber auch
$$\dim V = \dim f^{-1}(W) \le \dim W$$
und daraus folgt
$$\dim V = \dim W. \quad \square$$

Aufgabe: Der Leser beweise die Umkehrung des Satzes 1, nämlich: Zwei lineare Räume der gleichen Dimension sind isomorph. Hinweis: Es genügt zu zeigen, daß ein linearer Raum V mit $\dim V = n$ isomorph zum R^n ist.

Definition 3: Gegeben seien drei lineare Räume U, V, W; f sei eine lineare Abbildung von U in V, und g sei eine solche von V in W. Die dadurch bestimmte lineare Abbildung von U in W wird das *Produkt* von f und g genannt und mit $g \circ f$ bezeichnet:
$$(g \circ f)(x) = g(f(x)) \quad \text{für} \quad x \in U.$$

Sind $f: U \to V$, $f_1, f_2: U \to V$, $g: V \to W$ und $h: W \to X$ lineare Abbildungen, dann gelten die folgenden Rechenregeln:

(1) $\qquad h \circ (g \circ f) = (h \circ g) \circ f \quad$ Assoziativgesetz,

(2) $\qquad \left. \begin{array}{l} g \circ (\lambda f_1 + \mu f_2) = \lambda g \circ f_1 + \mu g \circ f_2 \\ (\lambda g_1 + \mu g_2) \circ f = \lambda g_1 \circ f + \mu g_2 \circ f \end{array} \right\}$ Distributivgesetze,

sowie
$$(g \circ f)^{-1} = f^{-1} \circ g^{-1}.$$

Definition 4: Eine lineare Abbildung von V in sich selbst, wird ein *Endomorphismus* von V genannt.

Sind nun f und g zwei Endomorphismen, so ordnet die Multiplikation dieser beiden Endomorphismen ihnen einen dritten Endomorphismus zu:
$$(f, g) \to g \circ f.$$

Das Produkt zweier Endomorphismen ist wieder ein Endomorphismus. Für diese Multiplikation gelten nun wieder die Rechenregeln (1) und (2) von oben und zusätzlich

existiert ein Endomorphismus i, die identische Abbildung, derart, daß für jeden Endomorphismus

(3) $\qquad\qquad f \circ i = i \circ f = f$

ist.

Das obige Produkt ist im allgemeinen *nicht* kommutativ:
$$g \circ f \neq f \circ g.$$

Definition 5: Ein regulärer Endomorphismus eines linearen Raumes V wird ein *Automorphismus* genannt.

Es ist üblich, die Menge aller Automorphismen eines Vektorraumes V mit $GL(V)$ zu bezeichnen. Ordnet man zwei beliebigen Automorphismen f und g aus $GL(V)$ den Automorphismus $g \circ f$ zu, so erhält man eine Verknüpfung in $GL(V)$ mit den Eigenschaften:

(4) h sei ein dritter Automorphismus aus $GL(V)$, dann ist
$$h \circ (g \circ f) = (h \circ g) \circ f, \quad \text{Assoziativgesetz.}$$

(5) Es existiert ein Automorphismus i aus $GL(V)$, die identische Abbildung, derart, daß
$$f \circ i = i \circ f = f \quad \text{für jedes } f \in GL(V) \quad \text{ist.}$$

(6) Zu jedem f existiert ein f^{-1}, derart, daß
$$f^{-1} \circ f = f \circ f^{-1} = i \quad \text{ist.}$$

$GL(V)$ ist also eine Gruppe, die jedoch im allgemeinen nicht kommutativ ist.

2.1.3 Matrix einer linearen Abbildung

Gegeben seien zwei lineare Vektorräume V und W; V habe die Dimension n und W die Dimension m; n und m seien endlich. Die Vektoren $(v_1, \ldots, v_n)$ seien eine Basis von V und $(w_1, \ldots, w_m)$ seien eine solche von W. Ein beliebiger Vektor $x \in V$ kann dann durch die Basisvektoren dargestellt werden:
$$x = x_1 v_1 + \cdots + x_n v_n.$$

Ist f eine lineare Abbildung von V in W, so ist der Bildvektor von x

(1) $$y = f(x) = x_1 f(v_1) + \cdots + x_n f(v_n) = \sum_{j=1}^{n} x_j f(v_j).$$

Drückt man die Vektoren y und $f(v_j)$ durch die Basisvektoren von W aus, so sei

(2) $$y = y_1 w_1 + \cdots + y_m w_m = \sum_{i=1}^{m} y_i w_i$$

sowie

(3) $$f(v_j) = \sum_{i=1}^{m} a_{ij} w_i, \quad j = 1, \ldots, n.$$

Damit ergibt sich aus (1) bis (3) für die lineare Abbildung $f: V \to W$ der Ausdruck

(4) $$y = \sum_{j=1}^{n} x_j \sum_{i=1}^{m} a_{ij} w_i = \sum_{j=1}^{n} \sum_{i=1}^{m} x_j a_{ij} w_i$$

und für eine einzelne Koordinate von y bezüglich der Basis $(w_1, \ldots, w_m)$

(5) $$y_i = \sum_{j=1}^{n} a_{ij} x_j, \quad i = 1, \ldots, m.$$

Die $n \times m$ Zahlen a_{ij} in (4) werden gewöhnlich als rechteckige Matrix angeordnet:

$$A = (a_{ij}) = \begin{pmatrix} a_{11} & a_{12} & \ldots & a_{1n} \\ a_{21} & a_{22} & \ldots & a_{2n} \\ \vdots & \vdots & & \vdots \\ a_{m1} & a_{m2} & \ldots & a_{mn} \end{pmatrix}.$$

Die Elemente der j-ten Spalte sind dabei die Koordinaten des Vektors $f(v_j)$ bezüglich der Basis $(w_1, \ldots, w_m)$. Die Matrix A besteht aus m Zeilen und n Spalten, und man sagt „A sei eine $(m \times n)$-Matrix".

Für gegebene feste Basen $(v_1, \ldots, v_n)$ und $(w_1, \ldots, w_m)$ entspricht also jeder linearen Abbildung f von V in W eine $(m \times n)$-Matrix A, derart, daß f durch den Ausdruck (4) gegeben ist. Umgekehrt ist die Beziehung (4) mit einer $(m \times n)$-Matrix A stets eine lineare Abbildung von V in W. Es besteht damit eine eindeutige Beziehung zwischen den linearen Abbildungen $f: V \to W$ und allen $(m \times n)$-Matrizen.

Im Abschnitt 1.6 wurde gezeigt, daß die Koordinaten eines reellen n-Vektors a bezüglich der kanonischen Basis mit den Komponenten von a übereinstimmen. Im Falle einer linearen Abbildung $f: R^n \to R^m$ empfiehlt es sich daher, im R^n und im R^m jeweils die kanonische Basis zu verwenden.

Beispiel: Die Ecken des Rechtecks in Abb. 6a sind durch die vier Punkte mit den Koordinaten

$$P_1: (1,1), \quad P_2: (5,1), \quad P_3: (1,4), \quad P_4: (5,4)$$

gegeben.

Die Abbildung f sei durch
$$y_1 = x_1 + x_2$$
$$y_2 = x_1 - x_2$$
beschrieben. Die Abbildungsmatrix ist
$$A = \begin{pmatrix} 1 & 1 \\ 1 & -1 \end{pmatrix}.$$

Setzt man für jeden Punkt die Werte von x_1 und x_2 im System ein, erhält man die Koordinaten für die Punkte in der (y_1, y_2)-Ebene der Abb. 6b:

$P_1^*: (2,0);$ $P_2^*: (6,4);$ $P_3^*: (5,-3);$ $P_4^*: (9,1).$

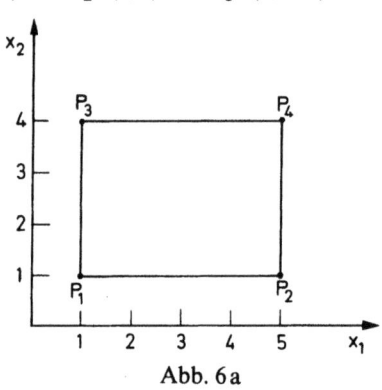

Abb. 6a

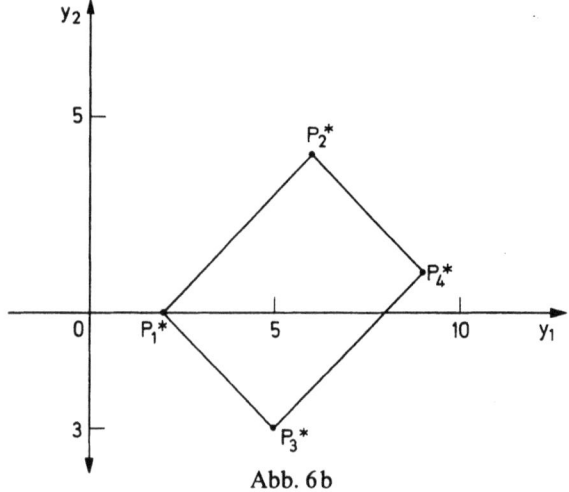

Abb. 6b

2.2 Matrizen

2.2.1 Definitionen

Eine $(m \times n)$-Matrix A wird durch ihr typisches Element a_{ij} in Klammern bezeichnet, (a_{ij}). Die doppelte Indizierung gibt an, daß ein Element a_{ij} zur Zeile i und zur Spalte j gehört. In den folgenden Ausführungen werden ausschließlich Matrizen mit reellen Elementen, sogenannte reelle Matrizen behandelt.

Eine $(m \times n)$-Matrix A läßt sich auch als Zeilenvektor schreiben, dessen Komponenten Spaltenvektoren sind:

$$A = (b_1, b_2, \ldots, b_n),$$

mit

$$b_1 = \begin{pmatrix} a_{11} \\ a_{21} \\ \vdots \\ a_{m1} \end{pmatrix}; \quad b_2 = \begin{pmatrix} a_{12} \\ a_{22} \\ \vdots \\ a_{m2} \end{pmatrix}; \ldots; b_n = \begin{pmatrix} a_{1n} \\ a_{2n} \\ \vdots \\ a_{mn} \end{pmatrix}.$$

Entsprechend läßt sich die Matrix A als Spaltenvektor angeben, dessen Komponenten Zeilenvektoren sind:

$$A = \begin{pmatrix} c'_1 \\ c'_2 \\ \vdots \\ c'_m \end{pmatrix}, \quad \text{mit} \quad \begin{aligned} c'_1 &= (a_{11}, a_{12}, \ldots, a_{1n}) \\ c'_2 &= (a_{21}, a_{22}, \ldots, a_{2n}) \\ &\vdots \\ c'_n &= (a_{m1}, a_{m2}, \ldots, a_{mn}). \end{aligned}$$

Beispiel:

$$B = \begin{pmatrix} 2 & 0 & 3 & 8 \\ 1 & 5 & 6 & -2 \\ 5 & -3 & 0 & 7 \end{pmatrix} = (b_1, b_2, b_3, b_4) = \begin{pmatrix} c'_1 \\ c'_2 \\ c'_3 \end{pmatrix}$$

mit

$$b_1 = \begin{pmatrix} 2 \\ 1 \\ 5 \end{pmatrix}, \quad b_2 = \begin{pmatrix} 0 \\ 5 \\ -3 \end{pmatrix}, \quad b_3 = \begin{pmatrix} 3 \\ 6 \\ 0 \end{pmatrix}, \quad b_4 = \begin{pmatrix} 8 \\ -2 \\ 7 \end{pmatrix}$$

und

$$c'_1 = (2,0,3,8), \quad c'_2 = (1,5,6,-2), \quad c'_3 = (5,-3,0,7).$$

Jeder reelle n-Vektor kann als spezielle Matrix aufgefaßt werden, ein Zeilenvektor $(a_1, \ldots, a_n)$ nämlich als eine $(1 \times n)$-Matrix und ein Spaltenvektor $\begin{pmatrix} a_1 \\ a_2 \\ \vdots \\ a_n \end{pmatrix}$ als eine $(n \times 1)$-Matrix.

Definition 1: Eine Matrix $A = (a_{ij})$ heißt
- *Nullmatrix:* $A = 0$, wenn alle $a_{ij} = 0$,
- *positiv:* $A > 0$, wenn alle $a_{ij} > 0$,
- *semipositiv:* $A \geq 0$, wenn wenigstens ein $a_{ij} > 0$ und alle übrigen $a_{ij} = 0$,
- *nichtnegativ:* $A \gneq 0$, wenn $A \geq 0$ oder $A = 0$.

Zwischen zwei $(m \times n)$-Matrizen A und B existieren folgende Beziehungen:

$A = B$, wenn $a_{ij} = b_{ij}$, $i = 1, \ldots, m$ und $j = 1, \ldots, n$;
$A > B$, wenn $a_{ij} > b_{ij}$, für alle Indices i und j;
$A \geq B$, wenn mindestens ein $a_{ij} > b_{ij}$ und sonst $a_{ij} = b_{ij}$;
$A \gneq B$, wenn $A \geq B$ oder $A = B$.

$$A = \begin{pmatrix} 3 & 1 & 5 \\ 6 & 2 & 7 \end{pmatrix}, \quad C = \begin{pmatrix} 1 & 0 & 4 \\ 5 & -1 & -2 \end{pmatrix},$$

$$B = \begin{pmatrix} 3 & 0 & 4 \\ 5 & 2 & 5 \end{pmatrix}, \quad D = \begin{pmatrix} 1 & 0 & 3 \\ 5 & -2 & -3 \end{pmatrix}.$$

Man erkennt, daß $A > 0$, $B \geq 0$ und $A > C \geq D$ und $A \gneq B$.

Definition 2: Eine Matrix heißt *quadratisch*, wenn sie gleich viele Zeilen wie Spalten aufweist:

$$A = \begin{pmatrix} a_{11} & a_{12} & \cdots & a_{1n} \\ a_{21} & a_{22} & \cdots & a_{2n} \\ \vdots & \vdots & & \vdots \\ a_{n1} & a_{n2} & \cdots & a_{nn} \end{pmatrix}.$$

Eine quadratische $(n \times n)$-Matrix wird auch als n-reihige Matrix bezeichnet.

Unter der *Hauptdiagonalen* einer quadratischen Matrix versteht man die von links oben nach rechts unten verlaufenden Diagonale; sie besteht also aus allen Elementen a_{ii}.

Definition 3: Hat eine quadratische Matrix A die Eigenschaft, daß alle Elemente außerhalb der Hauptdiagonalen verschwinden, also $a_{ij} = 0$ mit $i \neq j$, so heißt sie *Diagonalmatrix*:

$$A = \begin{pmatrix} a_{11} & 0 & \cdots & 0 \\ 0 & a_{22} & \cdots & 0 \\ \vdots & \vdots & \ddots & \vdots \\ 0 & 0 & \cdots & a_{nn} \end{pmatrix}.$$

Beispiel:

$$A = \begin{pmatrix} 1 & 0 & 0 & 0 \\ 0 & 5 & 0 & 0 \\ 0 & 0 & 0 & 0 \\ 0 & 0 & 0 & -2 \end{pmatrix}.$$

Sind in einer Diagonalmatrix alle Elemente der Hauptdiagonalen gleich, $a_{ii} = c$ für alle i, so nennt man sie auch *Skalarmatrix*. Unter den Skalarmatrizen hat die Einheitsmatrix eine ausgezeichnete Stellung.

Definition 4: Haben alle Elemente der Hauptdiagonalen a_{ii} den Wert 1, dann entsteht die *Einheitsmatrix*:

$$I = \begin{pmatrix} 1 & 0 & \ldots & 0 \\ 0 & 1 & \ldots & 0 \\ \vdots & \vdots & \ddots & \vdots \\ 0 & 0 & \ldots & 1 \end{pmatrix}.$$

Ist sie zum Beispiel dreireihig, so bezeichnet man sie auch mit

$$I_3 = \begin{pmatrix} 1 & 0 & 0 \\ 0 & 1 & 0 \\ 0 & 0 & 1 \end{pmatrix}.$$

Da sich eine Matrix aus Spalten- oder Zeilenvektoren aufbauen läßt, kann man I_3 durch die Vektoren der kanonischen Basis des R^3 ausdrücken:

$$I_3 = (e_1, e_2, e_3),$$

mit

$$e_1 = \begin{pmatrix} 1 \\ 0 \\ 0 \end{pmatrix}, \quad e_2 = \begin{pmatrix} 0 \\ 1 \\ 0 \end{pmatrix}, \quad e_3 = \begin{pmatrix} 0 \\ 0 \\ 1 \end{pmatrix}.$$

Definition 5: *Transponieren einer Matrix:* Geht man von der $(m \times n)$-Matrix

$$A = \begin{pmatrix} a_{11} & a_{12} & \ldots & a_{1n} \\ a_{21} & a_{22} & \ldots & a_{2n} \\ \vdots & \vdots & & \vdots \\ a_{m1} & a_{m2} & \ldots & a_{mn} \end{pmatrix}$$

aus und vertauscht Zeilen und Spalten, dann erhält man die $(n \times m)$-Matrix

$$A' = \begin{pmatrix} a_{11} & a_{21} & \cdots & a_{m1} \\ a_{12} & a_{22} & \cdots & a_{m2} \\ \vdots & \vdots & & \vdots \\ a_{1n} & a_{2n} & \cdots & a_{mn} \end{pmatrix}.$$

A' heißt die transponierte Matrix von A.

Beispiel:

$$A = \begin{pmatrix} 3 & 2 & 1 \\ 5 & 0 & 7 \end{pmatrix}; \quad A' = \begin{pmatrix} 3 & 5 \\ 2 & 0 \\ 1 & 7 \end{pmatrix}$$

Offensichtlich gilt nach Definition:

$$(A')' = A.$$

An Stelle von A' schreibt man auch A^T. Für Diagonalmatrizen, im besonderen für die Einheitsmatrizen, gilt:

$$I' = I.$$

Definition 6: Eine Matrix $S = (s_{ij})$ heißt *symmetrisch*, wenn sie der Bedingung

$$S = S'$$

genügt; die Transposition führt die Matrix in sich über. Für die Elemente gilt dann

$$s_{ij} = s_{ji} \quad \text{für alle } i \text{ und } j.$$

Eine symmetrische Matrix ist deshalb stets quadratisch. Eine Matrix heißt *schiefsymmetrisch*, wenn

$$S = -S'$$

oder

$$s_{ij} = -s_{ij}, \quad \text{für alle } i \text{ und } j.$$

Für die Hauptdiagonale gilt im besonderen

$$s_{ii} = -s_{ii},$$

und daraus folgt $2 s_{ii} = 0$, und somit ist $s_{ii} = 0$, $i = 1, \ldots, n$.

Beispiele:

$$S = \begin{pmatrix} 3 & 5 & 6 \\ 5 & -1 & 0 \\ 6 & 0 & 7 \end{pmatrix}, \quad T = \begin{pmatrix} 0 & 1 & -3 \\ -1 & 0 & 8 \\ 3 & -8 & 0 \end{pmatrix},$$

S ist symmetrisch, T ist schiefsymmetrisch.

Definition 7: Eine quadratische Matrix A heißt *Dreiecksmatrix*, wenn die Elemente a_{ij} unter, beziehungsweise über der Hauptdiagonalen verschwinden.

Beispiele:

$$A_1 = \begin{pmatrix} a_{11} & a_{12} & a_{13} \\ 0 & a_{22} & a_{23} \\ 0 & 0 & a_{33} \end{pmatrix}; \quad A_2 = \begin{pmatrix} a_{11} & 0 & 0 \\ a_{21} & a_{22} & 0 \\ a_{31} & a_{32} & a_{33} \end{pmatrix}.$$

Die Matrix A_1 wird als eine obere und A_2 eine untere Dreiecksmatrix bezeichnet.

2.2.2 Matrizenoperationen

a) Produkt einer Matrix mit einem Skalar

Definition 1: Gegeben sei eine $(m \times n)$-Matrix A und ein Skalar λ. Das Produkt von λ und A ist

$$\lambda \cdot A = \lambda \cdot \begin{pmatrix} a_{11} & a_{12} & \ldots & a_{1n} \\ a_{21} & a_{22} & \ldots & a_{2n} \\ \vdots & \vdots & & \vdots \\ a_{m1} & a_{m2} & \ldots & a_{mn} \end{pmatrix} = \begin{pmatrix} \lambda a_{11} & \lambda a_{12} & \ldots & \lambda a_{1n} \\ \lambda a_{21} & \lambda a_{22} & \ldots & \lambda a_{2n} \\ \vdots & \vdots & & \vdots \\ \lambda a_{m1} & \lambda a_{m2} & \ldots & \lambda a_{mn} \end{pmatrix}.$$

Eine Matrix wird mit einem Skalar multipliziert, indem man sämtliche Elemente a_{ij} der Matrix mit dem Skalar multipliziert.

Beispiel:

$$A = \begin{pmatrix} 3 & 5 & 1 \\ 2 & 0 & 3 \\ 1 & 1 & 5 \end{pmatrix}; \quad 3 \cdot A = \begin{pmatrix} 9 & 15 & 3 \\ 6 & 0 & 9 \\ 3 & 3 & 15 \end{pmatrix}.$$

b) Addition bzw. Subtraktion von Matrizen

Definition 2: Gegeben seien die beiden $(m \times n)$-Matrizen A und B:

$$A = \begin{pmatrix} a_{11} & a_{12} & \ldots & a_{1n} \\ a_{21} & a_{22} & \ldots & a_{2n} \\ \vdots & \vdots & & \vdots \\ a_{m1} & a_{m2} & \ldots & a_{mn} \end{pmatrix}, \quad B = \begin{pmatrix} b_{11} & b_{12} & \ldots & b_{1n} \\ b_{21} & b_{22} & \ldots & b_{2n} \\ \vdots & \vdots & & \vdots \\ b_{m1} & b_{m2} & \ldots & b_{mn} \end{pmatrix}.$$

Die Summe, beziehungsweise die Differenz $C = A \pm B$ wird definiert durch:

$$C = \begin{pmatrix} a_{11} \pm b_{11} & a_{12} \pm b_{12} & \cdots & a_{1n} \pm b_{1n} \\ a_{21} \pm b_{21} & a_{22} \pm b_{22} & \cdots & a_{2n} \pm b_{2n} \\ \vdots & \vdots & & \vdots \\ a_{m1} \pm b_{m1} & a_{m2} \pm b_{m2} & \cdots & a_{mn} \pm b_{mn} \end{pmatrix}.$$

Die Addition und Subtraktion zweier Matrizen ist also nur für solche Matrizen definiert, die beide gleichviele Zeilen und Spalten aufweisen.

Zusammen mit der Transpositionsregel ergibt sich die folgende Eigenschaft:

$$(A + B)' = A' + B'$$

oder allgemein

$$(A + B + \cdots + H)' = A' + B' + \cdots + H'.$$

Beispiel:

$$A = \begin{pmatrix} 3 & 2 \\ 1 & 0 \\ 7 & 8 \end{pmatrix}; \quad B = \begin{pmatrix} 7 & -1 \\ 3 & 2 \\ 0 & 5 \end{pmatrix};$$

$$A + B = \begin{pmatrix} 10 & 1 \\ 4 & 2 \\ 7 & 13 \end{pmatrix}; \quad A - B = \begin{pmatrix} -4 & 3 \\ -2 & -2 \\ 7 & 3 \end{pmatrix}.$$

Aus den Definitionen 1 und 2 ergeben sich die folgenden Regeln:

$$A + B = B + A$$
$$A + (B + C) = (A + B) + C$$
$$\lambda(\mu A) = (\lambda \cdot \mu) \cdot A$$
$$\lambda(A + B) = \lambda A + \lambda B$$
$$(\lambda + \mu) A = \lambda A + \mu A.$$

c) Multiplikation zweier Matrizen

Eine lineare Abbildung f von R^n in den R^m ist nach der Wahl der Basen, zum Beispiel der kanonischen Basen, durch eine $(m \times n)$-Matrix A eindeutig bestimmt, Abschn. 2.1.3. Führt man nach der Abbildung f eine weitere lineare Abbildung g aus, die den R^m in den R^s abbildet, so erhält man mit

$$h = g \circ f$$

die lineare Abbildung $h: R^n \to R^s$. In R^s sei ebenfalls die kanonische Basis gewählt. Sei $z = g(y)$ gegeben durch

$$z_k = \sum_{i=1}^{m} b_{ki} y_i, \quad k = 1, \ldots, s,$$

somit ist mit Beziehung (5) in Abschn. 2.1.3

$$z_k = \sum_{j=1}^{n} \sum_{i=1}^{m} b_{ki} a_{ij} x_j, \quad k = 1, \ldots, s.$$

Setzt man

$$c_{kj} = \sum_{i=1}^{m} b_{ki} a_{ij}, \quad j = 1, \ldots, m, \quad k = 1, \ldots, s,$$

so ist

$$z_k = \sum_{j=1}^{n} c_{kj} x_j, \quad k = 1, \ldots, s.$$

Sind die linearen Abbildungen $f: R^n \to R^m$ durch die $(m \times n)$-Matrix $A = (a_{ij})$ und $g: R^m \to R^s$ durch die $(s \times m)$-Matrix $B = (b_{ki})$ gegeben, so wird die lineare Abbildung $h: R^n \to R^s$ durch die $(s \times n)$-Matrix $C = (c_{kj}) = \left(\sum_{i=1}^{m} b_{ki} a_{ij} \right)$ dargestellt.

Definition 3: Es seien eine $(m \times n)$-Matrix $A = (a_{ij})$ und eine $(s \times m)$-Matrix $B = (b_{ki})$ gegeben. Das Produkt der beiden Matrizen ist:

$$C = BA = (c_{kj}) = \left(\sum_{i=1}^{m} b_{ki} a_{ij} \right), \quad j = 1, \ldots, n, \quad k = 1, \ldots, s.$$

Die Produktmatrix C weist s Zeilen und n Spalten auf. Ein Element c_{kj} ist das skalare Produkt des Zeilenvektors k von B mit dem Spaltenvektor j aus A. Das Produkt zweier Matrizen ist also nur dann definiert, wenn die erste Matrix so viele Spalten hat wie die zweite Matrix Zeilen. Das Produkt einer $(s \times m)$-Matrix B mit einer $(m \times n)$-Matrix A ergibt als Produktmatrix eine $(s \times n)$-Matrix C (Abb. 7).

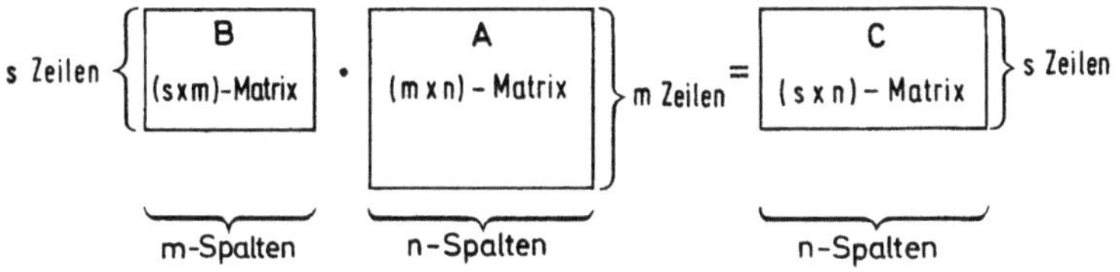

Abb. 7

Beispiel:

Wenn $A = \begin{pmatrix} 6 & 1 & 2 & 2 \\ 7 & 2 & 5 & 1 \\ 3 & 0 & 0 & 0 \end{pmatrix}$ und

$$B = \begin{pmatrix} 2 & 4 & 0 \\ 1 & 0 & 3 \end{pmatrix}, \text{ so gilt}$$

$$C = BA = \begin{pmatrix} 40 & 10 & 24 & 8 \\ 15 & 1 & 2 & 2 \end{pmatrix}.$$

Bei Umstellung der Faktoren in diesem Beispiel ist das Produkt AB nicht mehr definiert.

Ist sowohl AB als auch BA definiert, so ist jedoch im allgemeinen

$$BA \neq AB;$$

d. h. die Multiplikation von Matrizen ist nicht kommutativ.

Beispiel:

$$A = \begin{pmatrix} 2 & 1 \\ 0 & 3 \\ 4 & 1 \end{pmatrix}; \quad B = \begin{pmatrix} 1 & 5 & 0 \\ 2 & 0 & 1 \end{pmatrix}$$

$$BA = \begin{pmatrix} 2 & 16 \\ 8 & 3 \end{pmatrix}$$

$$AB = \begin{pmatrix} 4 & 10 & 1 \\ 6 & 0 & 3 \\ 6 & 20 & 1 \end{pmatrix}$$

Die Matrixmultiplikation ist assoziativ; es ist:

$$(AB)C = A(BC),$$

sofern die Multiplikationen definiert sind.

Für die Transponierte eines Produktes gilt:

$$(AB)' = B'A'$$

und allgemein

$$(AB \cdots N)' = N' \cdots B'A'.$$

Es ist zum Beispiel

$$C = AB = (c_{ij}) = \left(\sum_k a_{ik} b_{kj} \right) \text{ und}$$

$$C' = (AB)' = (c_{ij})' = \left(\sum_k a_{ik} b_{kj} \right)' = \left(\sum_k b_{kj} a_{ik} \right) = B'A'.$$

d) Multiplikation einer Matrix mit einem Vektor

Multipliziert man eine $(m \times n)$-Matrix A mit einer $(n \times 1)$-Matrix, d.h. mit einem n-Vektor x, so erhält man einen m-Vektor y:

$$y = A \cdot x = \begin{pmatrix} a_{11} & \cdots & a_{1n} \\ \vdots & & \vdots \\ a_{m1} & \cdots & a_{mn} \end{pmatrix} \begin{pmatrix} x_1 \\ \vdots \\ x_n \end{pmatrix} = \begin{pmatrix} a_{11} x_1 + \cdots + a_{1n} x_n \\ \vdots \\ a_{m1} x_1 + \cdots + a_{mn} x_n \end{pmatrix}.$$

Für die Transponierten gilt entsprechend:

$$y' = (A \cdot x)' = x' A'.$$

Das skalare Produkt zweier n-Vektoren kann als Spezialfall der Matrixmultiplikation angesehen werden.

e) Dyadisches Produkt

Multipliziert man zwei n-Vektoren a und b in der Weise, daß a als $(n \times 1)$-Matrix und b als $(1 \times n)$-Matrix betrachtet wird, so erhält man nach Definition 3,

$$a\,b' = \begin{pmatrix} a_1 \\ \vdots \\ a_n \end{pmatrix} (b_1, \ldots, b_n) = \begin{pmatrix} a_1 b_1 & \cdots & a_1 b_n \\ \vdots & & \vdots \\ a_n b_1 & \cdots & a_n b_n \end{pmatrix},$$

eine $(n \times n)$-Matrix und nennt sie das *dyadische Produkt*.

2.2.3 Rang einer Matrix

Eine lineare Abbildung f von R^n in R^m kann als Matrixgleichung $y = A x$ dargestellt werden, mit $x \in R^n$ und $y \in R^m$. Der Abbildung f ist eine bestimmte Rangzahl zugeordnet, nämlich die maximale Anzahl der linear unabhängigen Bildvektoren $f(x)$, also die Dimension des Bildraumes. Man erkennt aus der mit den Beziehungen (1) bis (5) des Abschn. 2.1.3 eingeführten Darstellung des Bildvektors y, daß der Rang der Abbildung f durch die Maximalzahl der linear unabhängigen Spalten der Matrix A gegeben ist. Die maximale Anzahl linear unabhängiger Spalten einer Matrix wird der *Spaltenrang* genannt, entsprechend ist der *Zeilenrang* die Maximalzahl linear unabhängiger Zeilen.

Ohne Beweis sei der folgende Satz angegeben:

Satz 1: In jeder Matrix ist der Spaltenrang gleich dem Zeilenrang.

Man spricht deshalb nur noch vom Rang einer Matrix und bezeichnet dies mit $r(A)$. Es gilt deshalb $r(f) = r(A)$. Ist $r(A) = n$, so ist f eine eineindeutige Abbildung in den R^m; sie ist also regulär.

Eine Matrix heißt also vom Rang r, wenn sie genau r linear unabhängige Zeilen beziehungsweise Spalten aufweist, während $r+1$ und mehr Zeilen beziehungsweise Spalten linear abhängig sind. Hat eine n-reihige Matrix den Rang n, dann heißt sie *regulär* oder nichtsingulär, besitzt sie linear abhängige Zeilen oder Spalten, so ist sie *singulär*.

Definition 1: Eine $(m \times n)$-Matrix heißt vom Rang r, wenn sie wenigstens eine nichtverschwindende r-reihige Teilmatrix[1] vom Range r enthält, während alle übrigen quadratischen Teilmatrizen mit mehr als r Zeilen oder Spalten singulär sind.

Eine quadratische Matrix ist also genau dann singulär, wenn ihr Rang kleiner als die Anzahl der Reihen ist. Für Produkte von Matrizen gilt der

Satz 2: Der Rang der Produktmatrix $C = BA$ übersteigt in keinem Fall die Ränge der Faktoren.

Als Folgerung daraus ergibt sich, falls ein Faktor singulär ist, daß das Produkt aus einer regulären und einer singulären Matrix den Rang der singulären Matrix hat.

Die symmetrische $(n \times n)$-Matrix

$$A'A = \begin{pmatrix} a'_1 a_1 & a'_1 a_2 & \ldots & a'_1 a_n \\ a'_2 a_1 & a'_2 a_2 & \ldots & a'_2 a_n \\ \vdots & \vdots & & \vdots \\ a'_n a_1 & a'_n a_2 & \ldots & a'_n a_n \end{pmatrix}$$

hat denselben Rang wie die $(n \times n)$-Matrix $A = (a_1 a_2, \ldots, a_n)$.

Beispiele:

1. $I = \begin{pmatrix} 1 & 0 & 0 \\ 0 & 1 & 0 \\ 0 & 0 & 1 \end{pmatrix}; \quad r(I) = 3$

2. $A = \begin{pmatrix} 1 & 1 & 1 \\ 2 & 2 & 2 \\ 3 & 3 & 3 \end{pmatrix}; \quad r(A) = 1$

3. $B = \begin{pmatrix} 1 & 0 & 0 \\ 0 & 1 & 0 \\ 0 & 0 & 0 \end{pmatrix}; \quad r(B) = 2$

---

[1] Man vergleiche dazu Abschn. 2.2.6.

2.2.4 Symmetrische und schiefsymmetrische Matrizen

Zwischen symmetrischen und schiefsymmetrischen Matrizen besteht der folgende Zusammenhang:

Satz 1: Jede quadratische Matrix X ist die Summe einer symmetrischen Matrix X_s und einer schiefsymmetrischen Matrix $X_{\bar{s}}$:

(1) $$X = X_s + X_{\bar{s}}.$$

Beweis: Bei gegebener Matrix X ist die Problemstellung die Berechnung von X_s und $X_{\bar{s}}$.
Nach Voraussetzung ist

$$X_s = X'_s \quad \text{und} \quad X_{\bar{s}} = -X'_{\bar{s}};$$

transponiert man die Gleichung (1), erhält man

(2) $$X' = X'_s + X'_{\bar{s}} = X_s - X_{\bar{s}}.$$

Aus der Addition von (1) und (2) folgt

$$X_s = \frac{X + X'}{2},$$

und die Subtraktion von (1) und (2) ergibt

$$X_{\bar{s}} = \frac{X - X'}{2}. \quad \square$$

Die Beziehung (1) kann unmittelbar ersehen werden.

Beispiel:

$$X = \begin{pmatrix} 3 & 6 & 1 \\ 2 & 0 & 4 \\ 3 & 2 & 1 \end{pmatrix}, \quad \text{dann ist} \quad X' = \begin{pmatrix} 3 & 2 & 3 \\ 6 & 0 & 2 \\ 1 & 4 & 1 \end{pmatrix},$$

und

$$X_s = \frac{\begin{pmatrix} 6 & 8 & 4 \\ 8 & 0 & 6 \\ 4 & 6 & 2 \end{pmatrix}}{2} = \begin{pmatrix} 3 & 4 & 2 \\ 4 & 0 & 3 \\ 2 & 3 & 1 \end{pmatrix}$$

sowie

$$X_{\bar{s}} = \frac{\begin{pmatrix} 0 & 4 & -2 \\ -4 & 0 & 2 \\ 2 & -2 & 0 \end{pmatrix}}{2} = \begin{pmatrix} 0 & 2 & -1 \\ -2 & 0 & 1 \\ 1 & -1 & 0 \end{pmatrix}.$$

X sei eine beliebige quadratische Matrix. Das Produkt

$$U = XX'$$

ist eine symmetrische Matrix, da

$$U' = (XX')' = (X')'X' = XX' = U.$$

Ebenso ist $X'X$ symmetrisch. Die Summe V,

$$V = X + X',$$

ist ebenfalls symmetrisch. Denn es folgt

$$V' = (X + X')' = X' + (X')' = X' + X = X + X' = V.$$

Dagegen ist die Differenz

$$W = X - X'$$

schiefsymmetrisch, denn es ist

$$W' = (X - X')' = X' - (X')' = X' - X = -(X - X') = -W.$$

Aufgabe:

$$A = \begin{pmatrix} 1 & 2 & 3 \\ 2 & 5 & 0 \\ 3 & 0 & 4 \end{pmatrix}; \quad B = \begin{pmatrix} 0 & -2 & 3 \\ 2 & 0 & 6 \\ -3 & -6 & 0 \end{pmatrix},$$

A ist symmetrisch und B schiefsymmetrisch. Man bilde $AA = A^2$ und $BB = B^2$. Man stellt insbesondere fest, daß die Potenzen A^n der symmetrischen Matrix A wiederum symmetrisch sind, und wegen der Beziehung (2) sind auch Polynome von A symmetrisch.

2.2.5 Permutationsmatrizen und verwandte besondere Matrizen

Gegeben seien eine Diagonalmatrix

$$C = \begin{pmatrix} c_1 & 0 & \ldots & 0 \\ 0 & c_2 & \ldots & 0 \\ \vdots & & \ddots & \vdots \\ 0 & 0 & \ldots & c_n \end{pmatrix}$$

und eine $(n \times n)$-Matrix A. Bei Linksmultiplikation von A mit C erhält man

$$CA = \begin{pmatrix} c_1 a_{11} & c_1 a_{12} & \ldots & c_1 a_{1n} \\ c_2 a_{21} & c_2 a_{22} & \ldots & c_2 a_{2n} \\ \vdots & \vdots & & \vdots \\ c_n a_{n1} & c_n a_{n2} & \ldots & c_n a_{nn} \end{pmatrix}$$

und bei Rechtsmultiplikation

$$AC = \begin{pmatrix} c_1 a_{11} & c_2 a_{12} & \ldots & c_n a_{1n} \\ c_1 a_{21} & c_2 a_{22} & \ldots & c_n a_{2n} \\ \vdots & \vdots & & \vdots \\ c_1 a_{n1} & c_2 a_{n2} & \ldots & c_n a_{nn} \end{pmatrix}.$$

Ist D eine n-reihige Skalarmatrix

$$D = \begin{pmatrix} d & 0 & \ldots & 0 \\ 0 & d & \ldots & 0 \\ \vdots & \vdots & \ddots & \vdots \\ 0 & 0 & \ldots & d \end{pmatrix},$$

dann ist

$$DA = AD = dA,$$

was sich mit Hilfe der Rechenregeln für Matrizen unmittelbar zeigen läßt.

Ist B eine $(m \times n)$-Matrix, so ist offensichtlich

$$I_m B = B I_n = B,$$

wobei I_m die m-reihige und I_n die n-reihige Einheitsmatrix ist.

Vertauscht man in einer Einheitsmatrix die h-te mit der k-ten Zeile, so spricht man von einer *Transpositionsmatrix* und schreibt dafür J_{hk}. Dieselbe Matrix erhält man, wenn die entsprechenden Spalten vertauscht werden. Werden mehr als zwei Zeilen beziehungsweise Spalten vertauscht, so nennt man die neue Matrix eine *Permutationsmatrix* P.

Beispiele:

$$J_{23} = \begin{pmatrix} 1 & 0 & 0 \\ 0 & 0 & 1 \\ 0 & 1 & 0 \end{pmatrix}, \quad J_{24} = \begin{pmatrix} 1 & 0 & 0 & 0 \\ 0 & 0 & 0 & 1 \\ 0 & 0 & 1 & 0 \\ 0 & 1 & 0 & 0 \end{pmatrix}, \quad P = \begin{pmatrix} 0 & 1 & 0 & 0 \\ 1 & 0 & 0 & 0 \\ 0 & 0 & 0 & 1 \\ 0 & 0 & 1 & 0 \end{pmatrix}.$$

Wird eine Matrix A mit einer passenden Transpositionsmatrix multipliziert, so werden bei Linksmultiplikation mit J_{hk} in der Matrix A die Zeilen h und k vertauscht und bei Rechtsmultiplikation mit J_{il} die Spalten i mit l vertauscht.

Beispiele:

$$J_{23}A = \begin{pmatrix} 1 & 0 & 0 \\ 0 & 0 & 1 \\ 0 & 1 & 0 \end{pmatrix} \begin{pmatrix} a_{11} & a_{12} & a_{13} & a_{14} \\ a_{21} & a_{22} & a_{23} & a_{24} \\ a_{31} & a_{32} & a_{33} & a_{34} \end{pmatrix} = \begin{pmatrix} a_{11} & a_{12} & a_{13} & a_{14} \\ a_{31} & a_{32} & a_{33} & a_{34} \\ a_{21} & a_{22} & a_{23} & a_{24} \end{pmatrix}.$$

$$AJ_{24} = \begin{pmatrix} a_{11} & a_{12} & a_{13} & a_{14} \\ a_{21} & a_{22} & a_{23} & a_{24} \\ a_{31} & a_{32} & a_{33} & a_{34} \end{pmatrix} \begin{pmatrix} 1 & 0 & 0 & 0 \\ 0 & 0 & 0 & 1 \\ 0 & 0 & 1 & 0 \\ 0 & 1 & 0 & 0 \end{pmatrix} = \begin{pmatrix} a_{11} & a_{14} & a_{13} & a_{12} \\ a_{21} & a_{24} & a_{23} & a_{22} \\ a_{31} & a_{34} & a_{33} & a_{32} \end{pmatrix}.$$

Die Matrix C_i wird aus der Einheitsmatrix gebildet, indem in dieser das i-te Diagonalelement durch eine Zahl $c \neq 1$ ersetzt wird:

Beispiele:

$$C_2 = \begin{pmatrix} 1 & 0 & 0 \\ 0 & c & 0 \\ 0 & 0 & 1 \end{pmatrix}; \quad C_3 = \begin{pmatrix} 1 & 0 & 0 & 0 \\ 0 & 1 & 0 & 0 \\ 0 & 0 & c & 0 \\ 0 & 0 & 0 & 1 \end{pmatrix}.$$

Bei Multiplikation von C_i mit einer Matrix A wird die i-te Zeile, bzw. Spalte von A mit c multipliziert.

Beispiele:

$$C_2A = \begin{pmatrix} a_{11} & a_{12} & a_{13} & a_{14} \\ ca_{21} & ca_{22} & ca_{23} & ca_{24} \\ a_{31} & a_{32} & a_{33} & a_{34} \end{pmatrix}, \quad AC_3 = \begin{pmatrix} a_{11} & a_{12} & ca_{13} & a_{14} \\ a_{21} & a_{22} & ca_{23} & a_{24} \\ a_{31} & a_{32} & ca_{33} & a_{34} \end{pmatrix}.$$

Ersetzt man in einer Einheitsmatrix eine Null durch eine Zahl $c \neq 0$, zum Beispiel das (i,j)-te Element, entsteht die Matrix

$$K_{ij} = \begin{pmatrix} 1 & 0 & \ldots & 0 \\ 0 & 1 & \ldots & c \\ \vdots & \vdots & \ddots & \vdots \\ 0 & 0 & \ldots & 1 \end{pmatrix}.$$

Durch das Produkt $K_{ij}A$ wird in der Matrix A das c-fache der j-ten Zeile zur i-ten Zeile addiert und mit AK_{ij} das c-fache der i-ten zur j-ten Spalte.

Beispiele:

$$K_{23} = \begin{pmatrix} 1 & 0 & 0 \\ 0 & 1 & c \\ 0 & 0 & 1 \end{pmatrix}, \quad K_{34} = \begin{pmatrix} 1 & 0 & 0 & 0 \\ 0 & 1 & 0 & 0 \\ 0 & 0 & 1 & c \\ 0 & 0 & 0 & 1 \end{pmatrix}$$

$$K_{23}A = \begin{pmatrix} a_{11} & a_{12} & a_{13} & a_{14} \\ a_{21}+ca_{31} & a_{22}+ca_{32} & a_{23}+ca_{33} & a_{24}+ca_{34} \\ a_{31} & a_{32} & a_{33} & a_{34} \end{pmatrix}$$

$$AK_{34} = \begin{pmatrix} a_{11} & a_{12} & a_{13} & a_{14}+ca_{13} \\ a_{21} & a_{22} & a_{23} & a_{24}+ca_{23} \\ a_{31} & a_{32} & a_{33} & a_{34}+ca_{33} \end{pmatrix}$$

2.2.6 Untermatrizen

Es ist manchmal nützlich, eine Matrix in *Teil-* oder *Untermatrizen* aufzuteilen. Gegeben seien zwei Matrizen

$$X = \begin{pmatrix} X_{11} & X_{12} \\ X_{21} & X_{22} \end{pmatrix} \quad \text{und} \quad Y = \begin{pmatrix} Y_{11} & Y_{12} \\ Y_{21} & Y_{22} \end{pmatrix},$$

wobei die X_{ij} und Y_{ij} Untermatrizen von X beziehungsweise von Y sind.

Beispiel: X sei wie folgt unterteilt:

$$X = \left(\begin{array}{cc|c} x_{11} & x_{12} & x_{13} \\ x_{21} & x_{22} & x_{23} \\ \hline x_{31} & x_{32} & x_{33} \end{array} \right)$$

mit

$$X_{11} = \begin{pmatrix} x_{11} & x_{12} \\ x_{21} & x_{22} \end{pmatrix} \quad X_{12} = \begin{pmatrix} x_{13} \\ x_{23} \end{pmatrix}$$

$$X_{21} = (x_{31} \quad x_{32}), \quad X_{22} = (x_{33}).$$

Besitzen die einander entsprechenden Teilmatrizen X_{ij} und Y_{ij} die übereinstimmende Anzahl von Zeilen und Spalten, so geht aus der Definition für die Addition und Subtraktion von Matrizen unmittelbar die Regel

$$X \pm Y = \begin{pmatrix} X_{11} \pm Y_{11} & X_{12} \pm Y_{12} \\ X_{21} \pm Y_{21} & X_{22} \pm Y_{22} \end{pmatrix}$$

hervor.

Die Multiplikationsregel kann auf dieselbe Weise hergeleitet werden. Die Matrix X habe die Ordnung $(m \times n)$ und Z sei eine $(n \times k)$-Matrix. Die beiden Matrizen seien in die folgenden Untermatrizen unterteilt:

$$X = \begin{pmatrix} X_{11} & X_{12} \\ X_{21} & X_{22} \end{pmatrix} \quad \text{mit}$$

X_{11}: $(m_1 \times n_1)$-Matrix
X_{12}: $(m_1 \times n_2)$-Matrix
X_{21}: $(m_2 \times n_1)$-Matrix
X_{22}: $(m_2 \times n_2)$-Matrix, mit $m_1 + m_2 = m$,
und $n_1 + n_2 = n$,

sowie $Z = \begin{pmatrix} Z_1 \\ Z_2 \end{pmatrix}$ mit

Z_1: $(n_1 \times k)$-Matrix
Z_2: $(n_2 \times k)$-Matrix.

Beispiel:

$$Z = \left(\begin{array}{cccc} z_{11} & z_{12} & z_{13} & z_{14} \\ z_{21} & z_{22} & z_{23} & z_{24} \\ \hline z_{31} & z_{32} & z_{33} & z_{34} \end{array} \right) = \begin{pmatrix} Z_1 \\ Z_2 \end{pmatrix}.$$

Das Produkt ist dann eine $(m \times k)$-Matrix:

$$XZ = \begin{pmatrix} X_{11} & X_{12} \\ X_{21} & X_{22} \end{pmatrix} \begin{pmatrix} Z_1 \\ Z_2 \end{pmatrix} = \begin{pmatrix} X_{11} Z_1 + X_{12} Z_2 \\ X_{21} Z_1 + X_{22} Z_2 \end{pmatrix}.$$

Es lassen sich auch andere Unterteilungen von Z denken, die den Regeln der Matrizenmultiplikation genügen, beispielsweise

$$Z = \left(\begin{array}{cc|cc} z_{11} & z_{12} & z_{13} & z_{14} \\ z_{21} & z_{22} & z_{23} & z_{24} \\ \hline z_{31} & z_{32} & z_{33} & z_{34} \end{array} \right) = \begin{pmatrix} Z_{11} & Z_{12} \\ Z_{21} & Z_{22} \end{pmatrix}.$$

Damit ergibt sich die folgende Regel:

$$XZ = \begin{pmatrix} X_{11} & X_{12} \\ X_{21} & X_{22} \end{pmatrix} \begin{pmatrix} Z_{11} & Z_{12} \\ Z_{21} & Z_{22} \end{pmatrix}$$

$$= \begin{pmatrix} X_{11}Z_{11}+X_{12}Z_{21} & X_{11}Z_{11}+X_{12}Z_{12} \\ X_{21}Z_{11}+X_{22}Z_{21} & X_{21}Z_{12}+X_{22}Z_{22} \end{pmatrix}$$

Wird die Unterteilung von X ebenfalls geändert, so muß auch die Unterteilung von Z entsprechend gewählt werden.

3. Determinanten

3.1 Permutationen

In diesem Abschnitt werden die Permutationen der Zahlen $1, 2, \ldots, n$ betrachtet.

Definition 1: Eine *Permutation* der Zahlen $1, 2, \ldots, n$ ist eine eineindeutige Abbildung σ dieser Zahlenmenge *auf sich selbst*.

Beispiel: σ_1 sei die folgende Permutation der Zahlen 1, 2, 3:

$$\sigma_1 = \left\{ \begin{matrix} 1 & 2 & 3 \\ \sigma_1(1)=1 & \sigma_1(2)=3 & \sigma_1(3)=2 \end{matrix} \right\}.$$

σ_1 ist die Permutation, die von den Zahlen 1, 2, 3 die 1 in 1, 2 in 3 und 3 in 2 überführt.

Die Permutationen sind Abbildungen; aber das Zuordnungsgesetz ist nichtlinear. Der Wertebereich von σ_1 ist gleich dem Definitionsbereich von σ_1. Ist σ_2 eine weitere Permutation auf den Zahlen 1, 2, 3, so ist ihr Definitionsbereich gleich dem Wertebereich von σ_1. Es kann also σ_2 nach der Abbildung σ_1 angewendet werden; es sei etwa $\sigma_2(1)=2$, $\sigma_2(2)=1$, $\sigma_2(3)=3$, dann ist

$$\sigma_2 = \left\{ \begin{matrix} \sigma_1(1)=1 & \sigma_1(2)=3 & \sigma_1(3)=2 \\ \sigma_2(\sigma_1(1))=2 & \sigma_2(\sigma_1(2))=3 & \sigma_2(\sigma_1(3))=1 \end{matrix} \right\},$$

und also

$$\sigma_2 \sigma_1 = \left\{ \begin{matrix} 1 & 2 & 3 \\ 2 & 3 & 1 \end{matrix} \right\}.$$

Definition 2: Das Produkt $\sigma_2 \sigma_1$ der Permutation σ_1 und σ_2 ist

(1) $\qquad (\sigma_2 \sigma_1)(i) = \sigma_2(\sigma_1(i))$, für $i = 1, 2, \ldots, n$.

Das Produkt $\sigma_2 \sigma_1$ zweier Permutationen σ_2 und σ_1 ist diejenige Permutation, die entsteht, wenn man zuerst auf die Zahlen $1, 2, \ldots, n$ die Permutation σ_1 anwendet und mit den Bildelementen die Permutation σ_2 vornimmt. Das Produkt $\sigma_2 \sigma_1$ ist wiederum eine Permutation.

Da eine Permutation σ eine eineindeutige Abbildung ist, gibt es eine Umkehrabbildung σ^{-1}, die ebenfalls die Zahlen $1, 2, \ldots, n$

auf sich abbildet und somit auch eine Permutation ist. Das Produkt $\sigma^{-1}\sigma$ ist:

(2) $\qquad (\sigma^{-1}\sigma)(i) = i, \quad \text{für } i = 1, 2, \ldots, n.$

Die identische Permutation ε ist diejenige Abbildung der Zahlen $1, 2, \ldots, n$, die *jede einzelne* der Zahlen auf sich abbildet:

(3) $\qquad \varepsilon(i) = i, \quad \text{für } i = 1, 2, \ldots, n.$

Es ist somit auch

$$\sigma\varepsilon = \sigma = \varepsilon\sigma$$

und

$$\sigma^{-1}\sigma = \varepsilon = \sigma\sigma^{-1}$$

Die Beziehungen (1)–(3) entsprechen den Eigenschaften 1.–4. in Abschn. 1.1, so daß gilt:

Satz: Die Permutationen der Zahlen $1, 2, \ldots, n$ bilden in bezug auf die mit (1) definierte Multiplikation eine Gruppe.

Man nennt diese Gruppe im allgemeinen die symmetrische Gruppe vom Grade n und bezeichnet sie mit S_n. Offenbar gibt es von 2 Elementen 2 Permutationen und von 3 Elementen $2 \cdot 3 = 6$ Permutationen. Man kann durch vollständige Induktion zeigen, daß in S_n die Anzahl der Permutationen genau $n!$ ist.

Die feste Permutation σ sei aus der Menge der Permutationen S_n. Man bildet das folgende Produkt:

$(\sigma(2) - \sigma(1)) \cdot$
$\cdot (\sigma(3) - \sigma(1)) \cdot (\sigma(3) - \sigma(2)) \cdot$
$\ldots$
$\ldots$
$\ldots$
$\cdot (\sigma(n-1) - \sigma(1)) \cdot (\sigma(n-1) - \sigma(2)) \cdots (\sigma(n-1) - \sigma(n-2)) \cdot$
$\cdot (\sigma(n) - \sigma(1)) \cdot (\sigma(n) - \sigma(2)) \cdots (\sigma(n) - \sigma(n-2)) \cdot (\sigma(n) - \sigma(n-1))$

oder

$$\prod_{j=2}^{n} \prod_{i=1}^{j-1} (\sigma(j) - \sigma(i)).$$

Die Zahlen $\sigma(1), \ldots, \sigma(n)$ unterscheiden sich nur in der Reihenfolge von den Zahlen $1, 2, \ldots, n$; also ist

(4) $\qquad \displaystyle\prod_{j=2}^{n} \prod_{i=1}^{j-1} (\sigma(j) - \sigma(i)) = \pm \prod_{j=2}^{n} \prod_{i=1}^{j-1} (j - i).$

Man betrachte ein beliebiges Zahlenpaar (k, l) aus den Zahlen $1, 2, \ldots, n$ mit $k < l$; $(\sigma(l) - \sigma(k))$ sei der entsprechende Faktor des

Produktes auf der linken Seite von (4). Ist $\sigma(l) > \sigma(k)$, so ist auch der entsprechende Faktor auf der rechten Seite von (4) positiv, ist aber $\sigma(l) < \sigma(k)$, dann erhält man den Ausdruck:

$$-(\sigma(l) - \sigma(k)) = \sigma(k) - \sigma(l).$$

Die beiden Produkte in (4) unterscheiden sich also höchstens im Vorzeichen.

Beispiel: Gegeben seien die Zahlen 1, 2, 3 mit den Permutationen

$$S_n = \{(1,2,3), (1,3,2), (2,1,3), (2,3,1), (3,1,2), (3,2,1)\}.$$

Man greife zum Beispiel die Permutation

$$\sigma_0 = \begin{Bmatrix} 1 & 2 & 3 \\ 2 & 1 & 3 \end{Bmatrix}$$

heraus und bilde das Produkt:

$$(\sigma_0(2) - \sigma_0(1)) \cdot (\sigma_0(3) - \sigma_0(1)) \cdot (\sigma_0(3) - \sigma_0(2))$$
$$= (1-2) \cdot (3-2) \cdot (3-1) = -2.$$

Definition 3: Das Zahlenpaar (k, l) mit $1 \leq k \leq n$ und $1 \leq l \leq n$ heißt eine *Inversion der Permutation* σ, wenn $k < l$ und $\sigma(k) > \sigma(l)$.

Beispiel: Die oben gegebene Permutation σ_0 besitzt eine Inversion. In der Permutation

$$\sigma^* = \begin{Bmatrix} 1 & 2 & 3 \\ 3 & 2 & 1 \end{Bmatrix}$$

gibt es zwei Inversionen.

Bezeichnet man die Anzahl der Inversionen einer Permutation σ mit $\alpha(\sigma)$, so ist (4):

$$\prod_{j=2}^{n} \prod_{i=1}^{j-1} (\sigma(j) - \sigma(i)) = (-1)^{\alpha(\sigma)} \prod_{j=2}^{n} \prod_{i=1}^{j-1} (j - i).$$

Definition 4: Eine Permutation $\sigma \in S_n$ heißt *gerade Permutation*, wenn die Anzahl ihrer Inversionen $\alpha(\sigma)$ eine gerade Zahl oder gleich Null ist. Sie heißt eine *ungerade Permutation*, wenn $\alpha(\sigma)$ eine ungerade Zahl ist.

Das Vorzeichen des Produktes in (4) wird mit

$$\operatorname{sign} \sigma = (-1)^{\alpha(\sigma)}$$

bezeichnet.

Beispiele:

$\operatorname{sign} \sigma_0 = (-1)^1 = -1$, ungerade Permutation,
$\operatorname{sign} \sigma^* = (-1)^2 = +1$, gerade Permutation.

Die identische Permutation ε ist eine gerade Permutation, denn es ist $\alpha(\varepsilon)=0$.

Das Produkt zweier gerader oder zweier ungerader Permutationen ist eine gerade Permutation. Das Produkt einer geraden mit einer ungeraden Permutation ist eine ungerade Permutation.

3.2 Darstellung der Determinante

Gegeben sei ein Vektorraum V mit der Dimension $n>0$.

Definition 1: Eine *Determinanten*funktion Δ ist eine reelle Funktion von n Vektoren aus V, $\Delta(x_1, \ldots, x_n)$, die den folgenden Bedingungen genügt:

(1) Δ ist linear in jedem Argument:

$$\Delta(x_1, \ldots, \lambda x_i + \mu y_i, \ldots, x_n)$$
$$= \lambda \Delta(x_1, \ldots, x_i, \ldots, x_n) + \mu \Delta(x_1, \ldots, y_i, \ldots, x_n).$$

(2) Δ ist schiefsymmetrisch bezüglich aller Argumente. Für eine Permutation σ der Elemente $(1, \ldots, n)$ gilt:

$$\Delta(x_{\sigma(1)}, \ldots, x_{\sigma(n)}) = (\text{sign}\,\sigma) \cdot \Delta(x_1, \ldots, x_n).$$

Man kann zeigen, daß in jedem Vektorraum V nichttriviale Determinantenfunktionen existieren.

Nimmt man in einem Vektorraum zwei Determinantenfunktionen Δ_1 und Δ_2 an, wobei Δ_1 nichttrivial ist, dann kann man Δ_2 als ein konstantes Vielfaches von Δ_1 darstellen:

(3) $$\Delta_2 = \lambda \Delta_1$$

oder

$$\Delta_2(x_1, \ldots, x_n) = \lambda \Delta_1(x_1, \ldots, x_n).$$

Da die Vertauschung von nur zwei Zahlen (i,j) in der Zahlenmenge $1, 2, \ldots, n$ eine ungerade Permutation ergibt, folgt für eine Determinantenfunktion Δ aus der Bedingung (2) der Definition 1:

$$\Delta(x_1, \ldots, x_i, \ldots, x_j, \ldots, x_n) = -\Delta(x_1, \ldots, x_j, \ldots, x_i, \ldots, x_n).$$

Der Wert der Determinantenfunktion Δ wechselt beim Vertauschen von zwei Vektoren das Vorzeichen. Wählt man $x_i = x_j = x$, so folgt daraus unmittelbar

(4) $$\Delta(x_1, \ldots, x, \ldots, x, \ldots, x_n) = 0.$$

Satz 1: $\Delta(x_1, \ldots, x_n) = 0$, wenn die Vektoren $x_1, \ldots, x_n$ linear abhängig sind.

Beweis: Ist x_n eine Linearkombination der Vektoren $x_1, \ldots, x_{n-1}$, also

$$x_n = \sum_{i=1}^{n-1} \lambda_i x_i,$$

dann gilt auf Grund von (4)

$$\Delta(x_1, \ldots, x_n) = \sum_{i=1}^{n} \lambda_i \Delta(x_1, \ldots, x_i, \ldots, x_{n-1}, x_i) = 0. \quad \square$$

Ist $(b_1, \ldots, b_n)$ eine Basis von V, dann läßt sich nach dem Austauschsatz von STEINITZ jeder Vektor $x_j \in V, j = 1, \ldots, n$, als Linearkombination der Basis darstellen:

$$x_j = \sum_{i=1}^{n} a_{ij} b_i, \quad j = 1, \ldots, n.$$

Setzt man diese Ausdrücke für die n Vektoren x_j in die Determinantenfunktion ein, erhält man:

$$\Delta(x_1, \ldots, x_n) = \Delta\left(\sum_{i=1}^{n} a_{i1} b_i, \sum_{i=1}^{n} a_{i2} b_i, \ldots, \sum_{i=1}^{n} a_{in} b_i\right)$$

$$= \sum_{i=1}^{n} a_{i1} \cdot \Delta\left(b_i, \sum_{i=1}^{n} a_{i2} b_i, \ldots, \sum_{i=1}^{n} a_{in} b_i\right)$$

$$= \sum_{i_1=1}^{n} a_{i_1 1} \cdot \Delta\left(b_{i_1}, \sum_{i_2=1}^{n} a_{i_2 2} b_{i_2}, \ldots, \sum_{i_n=1}^{n} a_{i_n n} b_{i_n}\right)$$

$$= \sum_{i_1=1}^{n} a_{i_1 1} \cdot \sum_{i_2=1}^{n} a_{i_2 2} \cdots \sum_{i_n=1}^{n} a_{i_n n} \cdot \Delta(b_{i_1}, b_{i_2}, \ldots, b_{i_n}).$$

Der letzte Ausdruck ergibt sich, indem von der Definition 1 die Bedingung (1) wiederholt angewendet wird; um die verschiedenen Indices unterscheiden zu können, wurde jeweils an Stelle von i beim j-ten Vektor i_j gesetzt.

Sind nun in dieser mehrfachen Summe zwei Indices gleich, zum Beispiel im einzelnen Summanden

$$a_{i_1 1} \cdots a_{i_k k} \cdots a_{i_j j} \cdots a_{i_n n} \cdot \Delta(b_{i_1}, \ldots, b_{i_k}, \ldots, b_{i_j}, \ldots, b_{i_n}),$$

die Indices $i_k = i_j$, dann verschwindet der Ausdruck. Für die übrigen Fälle, bei denen alle Indices paarweise verschieden sind, hat man von den Summanden

$$a_{i_1 1} \cdots a_{i_n n} \cdot \Delta(b_{i_1}, \ldots, b_{i_n})$$

alle Permutationen $i_l = \sigma_l$ der Zahlen $1, \ldots, n$ für die $a_{i_l 1}, \ldots, a_{i_l n}$ zu bilden und über alle Permutationen zu summieren:

$$\Delta(x_1, \ldots, x_n) = \sum_{\sigma_l} a_{i_l 1} \cdots a_{i_l n} \cdot \Delta(b_{i_1}, \ldots, b_{i_n}).$$

Aus der Bedingung (2) der Definition 1 folgt:

$$\Delta(x_1, \ldots, x_n) = \sum_{\sigma_l} \operatorname{sign} \sigma_l a_{i_l 1} \cdots a_{i_l n} \cdot \Delta(b_1, \ldots, b_n).$$

f sei eine lineare Abbildung von V in V. Um die *Determinante* von f zu definieren, wählt man eine nichttriviale Determinantenfunktion Δ; die reelle Funktion Δ_f von der Form

$$\Delta_f(x_1, \ldots, x_n) = \Delta(f(x_1), \ldots, f(x_n))$$

ist damit auch eine Determinantenfunktion, also gilt nach (3)

(5) $$\Delta_f = \alpha \Delta,$$

wobei α nicht von der Wahl der Determinantenfunktion Δ abhängt. Ist nämlich Δ^* eine andere nichttriviale Determinantenfunktion, dann gilt in jedem Fall $\Delta^* = \lambda \Delta$ und daher ist

$$\Delta_f^* = \lambda \Delta_f = \lambda \alpha \Delta = \alpha \Delta^*.$$

Somit ist der Skalar α eindeutig durch die Abbildung f bestimmt. Dieser Skalar wird allgemein *die Determinante* von f genannt und kurz $\det f$ geschrieben. Die Beziehung (5) geht dann über in

$$\Delta_f = \det f \cdot \Delta,$$

oder

(6) $$\Delta(f(x_1), \ldots, f(x_n)) = (\det f) \cdot \Delta(x_1, \ldots, x_n).$$

Ist $(a_{ij}) = A$ die f zugeordnete Matrix bezüglich der Basis $(b_1, \ldots, b_n)$, dann gilt:

(7) $$f(b_j) = \sum_{i=1}^n a_{ij} b_i, \quad j = 1, \ldots, n.$$

Wendet man die Beziehung (6) auf die gewählte Basis an, so hat man die x_j durch b_j zu ersetzen, es folgt:

$$\Delta(f(b_1), \ldots, f(b_n)) = (\det f) \cdot \Delta(b_1, \ldots, b_n).$$

Diese Beziehung läßt sich unter Verwendung obiger Umformungen überführen in

(8) $$\Delta(f(b_1), \ldots, f(b_n)) = \Delta\left(\sum_{i=1}^n a_{i1} b_i, \ldots, \sum_{i=1}^n a_{in} b_i\right)$$
$$= \sum_{\sigma_j} \operatorname{sign} \sigma_j \, a_{i_j 1} \cdots a_{i_j n} \cdot \Delta(b_1, \ldots, b_n),$$

und es ist

(9) $$\det f = \sum_{\sigma_j} \operatorname{sign} \sigma_j \; a_{i_1 1} \cdots a_{i_j n}.$$

Die Determinante von f ist damit durch die Elemente der Matrix A ausgedrückt. Die Determinante der Matrix A ist eine Zahl. Sie wird gewöhnlich mit

$$\det A = |A| = \begin{pmatrix} a_{11} & \cdots & a_{1n} \\ \vdots & & \vdots \\ a_{n1} & \cdots & a_{nn} \end{pmatrix}$$

bezeichnet.

Wendet man den Satz, wonach die Determinante von linear abhängigen Vektoren verschwindet, auf die Beziehung (8) an, erhält man die sehr wichtige

Folgerung: Die Determinante einer singulären Matrix A verschwindet; ist die Matrix A regulär, dann ist die Determinante von null verschieden.

Beispiele:
1. Für die zweireihige Matrix

$$A = \begin{pmatrix} a_{11} & a_{12} \\ a_{21} & a_{22} \end{pmatrix}$$

hat man mit Hilfe von (9) die Produkte der Elemente jeder Permutation zu bilden und $\operatorname{sign} \sigma_j$ festzulegen, nämlich

$$j=1: \quad a_{11} a_{22}, \quad \operatorname{sign} \sigma_1 = +1$$
$$j=2: \quad a_{21} a_{12}, \quad \operatorname{sign} \sigma_2 = -1.$$

Damit ist

$$|A| = \begin{vmatrix} a_{11} & a_{12} \\ a_{21} & a_{22} \end{vmatrix} = a_{11} a_{22} - a_{21} a_{12}.$$

Aus dem letzten Ausdruck kann man sich die Regel zum Berechnen der zweireihigen Determinanten merken. Man bildet die Summe der Produkte der Diagonalelemente, wobei das Produkt über die Hauptdiagonale, von links oben nach rechts unten, positiv ist, und dasjenige der Elemente von links unten nach rechts oben negativ ist.

2. Für die dreireihige Matrix A erhält man nach der Beziehung (9)

$$\begin{vmatrix} a_{11} & a_{12} & a_{13} \\ a_{21} & a_{22} & a_{23} \\ a_{31} & a_{32} & a_{33} \end{vmatrix} = \begin{array}{l} a_{11}a_{22}a_{33} - a_{31}a_{22}a_{13} \\ + a_{31}a_{12}a_{23} - a_{11}a_{32}a_{23} \\ + a_{21}a_{32}a_{13} - a_{21}a_{12}a_{33}. \end{array}$$

Die *Regel von* SARRUS: Die Determinante einer dreireihigen Matrix kann auch nach dem folgenden Gesetz berechnet werden: Man schreibt die beiden ersten Spalten nochmals auf und berechnet die 6 Produkte in Pfeilrichtung und versieht sie mit den angegebenen Vorzeichen:

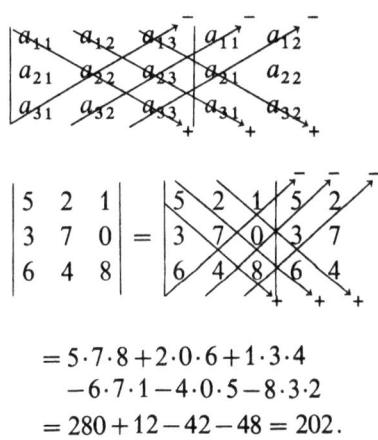

$$= 5 \cdot 7 \cdot 8 + 2 \cdot 0 \cdot 6 + 1 \cdot 3 \cdot 4$$
$$- 6 \cdot 7 \cdot 1 - 4 \cdot 0 \cdot 5 - 8 \cdot 3 \cdot 2$$
$$= 280 + 12 - 42 - 48 = 202.$$

Eine Determinante ist also eine Zahl; sie kann als Funktion ihrer n^2 Elemente aufgefaßt werden. Dagegen ist eine Matrix eine Tabelle, der *keine* Zahl im Sinne der Determinante entspricht.

3.3 Laplace'sche Entwicklung

Aus einer Determinante n-ter Ordnung wählt man ein beliebiges Element aus, zum Beispiel a_{ij}. Dabei handelt es sich um das Element der i-ten Zeile und der j-ten Spalte. Streicht man nun in der Determinante $|A|$ die i-te Zeile und die j-te Spalte, so bleibt eine Determinante $(n-1)$-ter Ordnung übrig, die man als *Minor* oder *Unterdeterminante* von a_{ij} bezeichnet, nämlich:

$$|A_{ij}| = \begin{vmatrix} a_{11} & \cdots & a_{1,j-1} & a_{1,j+1} & \cdots & a_{1n} \\ \vdots & & \vdots & \vdots & & \vdots \\ a_{i-1,1} & \cdots & a_{i-1,j-1} & a_{i-1,j+1} & \cdots & a_{i-1,n} \\ a_{i+1,1} & \cdots & a_{i+1,j-1} & a_{i+1,j+1} & \cdots & a_{i+1,n} \\ \vdots & & \vdots & \vdots & & \vdots \\ a_{n1} & \cdots & a_{n,j-1} & a_{n,j+1} & \cdots & a_{nn} \end{vmatrix}.$$

In einer n-reihigen Determinanten gibt es also n^2 Minoren $|A_{ij}|$.

Beispiele: Gegeben sei die Determinante

$$|A| = \begin{vmatrix} 1 & 2 & 3 \\ 4 & 5 & 6 \\ 7 & 8 & 9 \end{vmatrix} = 0,$$

dann sind: $|A_{11}| = \begin{vmatrix} 5 & 6 \\ 8 & 9 \end{vmatrix} = -3; \quad |A_{23}| = \begin{vmatrix} 1 & 2 \\ 7 & 8 \end{vmatrix} = -6.$

Der *Kofaktor* oder die *Adjunkte* A_{ij} des Elementes a_{ij} der Determinante $|A|$ wird gebildet, indem man den Minor $|A_{ij}|$ mit dem Faktor $(-1)^{i+j}$ multipliziert:

$$A_{ij} = (-1)^{i+j} |A_{ij}|.$$

Das Vorzeichen von A_{ij} ist also positiv oder negativ, je nachdem die Summe der Indices $i+j$ gerade oder ungerade ist.

Beispiele:

$$A_{11} = (-1)^2 |A_{11}| = -3$$

$$A_{23} = (-1)^5 |A_{23}| = 6.$$

Ohne Beweis folgt nun der *Laplace'sche Entwicklungssatz*:

Satz 1: Für die n-reihige Determinante

$$|A| = \begin{vmatrix} a_{11} & a_{12} & \cdots & a_{1n} \\ a_{21} & a_{22} & \cdots & a_{2n} \\ \vdots & \vdots & & \vdots \\ a_{n1} & a_{n2} & \cdots & a_{nn} \end{vmatrix}$$

gilt

$$|A| = a_{11}|A_{11}| - a_{12}|A_{12}| + a_{13}|A_{13}| - \cdots + (-1)^{1+n} a_{1n}|A_{1n}|$$
$$= a_{11}A_{11} + a_{12}A_{12} + a_{13}A_{13} + \cdots + a_{1n}A_{1n}.$$

Man spricht im obigen Fall von der Entwicklung nach der ersten Zeile. Mit Hilfe dieses Satzes kann eine Determinante n-ter Ordnung in eine Summe von Determinanten $(n-1)$-ter Ordnung übergeführt werden.

Beispiel:

$$|A| = \begin{vmatrix} a_{11} & a_{12} & a_{13} \\ a_{21} & a_{22} & a_{23} \\ a_{31} & a_{32} & a_{33} \end{vmatrix}$$
$$= a_{11} \begin{vmatrix} a_{22} & a_{23} \\ a_{32} & a_{33} \end{vmatrix} - a_{12} \begin{vmatrix} a_{21} & a_{23} \\ a_{31} & a_{33} \end{vmatrix} + a_{13} \begin{vmatrix} a_{21} & a_{22} \\ a_{31} & a_{32} \end{vmatrix}$$
$$= a_{11}a_{22}a_{33} - a_{11}a_{32}a_{23}$$
$$+ a_{12}a_{31}a_{23} - a_{12}a_{21}a_{33}$$
$$+ a_{13}a_{21}a_{32} - a_{13}a_{31}a_{22}.$$

3.4 Rechenregeln für Determinanten

Satz 1: Vertauscht man in einer Determinante die Zeilen mit den entsprechenden Spalten, so ändert sich der Wert der Determinante nicht. Man spricht auch von Transposition; man spiegelt die Elemente über die Hauptdiagonale.

$$|A| = \begin{vmatrix} a_{11} & a_{12} & \cdots & a_{1n} \\ a_{21} & a_{22} & \cdots & a_{2n} \\ \vdots & \vdots & & \vdots \\ a_{n1} & a_{n2} & \cdots & a_{nn} \end{vmatrix} = \begin{vmatrix} a_{11} & a_{21} & \cdots & a_{n1} \\ a_{12} & a_{22} & \cdots & a_{n2} \\ \vdots & \vdots & & \vdots \\ a_{1n} & a_{2n} & \cdots & a_{nn} \end{vmatrix} = |A'|.$$

Beispiel:

$$\begin{vmatrix} a_{11} & a_{12} \\ a_{21} & a_{22} \end{vmatrix} = \begin{vmatrix} a_{11} & a_{21} \\ a_{12} & a_{22} \end{vmatrix} = a_{11}a_{22} - a_{12}a_{21}.$$

Der Beweis läßt sich für eine Determinante n-ter Ordnung durch vollständige Induktion angeben, indem der Entwicklungssatz wiederholt angewendet wird bis man einen Ausdruck erhält, in dem nur noch zweireihige Determinanten vorkommen.

Satz 2: Wird in einer Determinante eine Zeile, beziehungsweise Spalte, mit einer Zahl λ multipliziert, so multipliziert sich die Determinante mit λ.

Beispiel:

$$\begin{vmatrix} a_{11} & \lambda a_{12} & a_{13} \\ a_{21} & \lambda a_{22} & a_{23} \\ a_{31} & \lambda a_{32} & a_{33} \end{vmatrix} = a_{11} \begin{vmatrix} \lambda a_{22} & a_{23} \\ \lambda a_{32} & a_{33} \end{vmatrix} - \lambda a_{12} \begin{vmatrix} a_{21} & a_{23} \\ a_{31} & a_{33} \end{vmatrix}$$

$$+ a_{13} \begin{vmatrix} a_{21} & \lambda a_{22} \\ a_{31} & \lambda a_{32} \end{vmatrix} = \lambda \begin{vmatrix} a_{11} & a_{12} & a_{13} \\ a_{21} & a_{22} & a_{23} \\ a_{31} & a_{32} & a_{33} \end{vmatrix}.$$

Satz 3: Besteht eine Zeile, beziehungsweise eine Spalte, aus lauter Nullen, so ist die Determinante null.

Beispiel:

$$\begin{vmatrix} a_{11} & a_{12} & 0 \\ a_{21} & a_{22} & 0 \\ a_{31} & a_{32} & 0 \end{vmatrix} = 0.$$

Der Beweis ergibt sich aus dem Laplace'schen Entwicklungssatz.

Satz 4: Vertauscht man in einer Determinante zwei Spalten, beziehungsweise zwei Zeilen, so ändert sich lediglich das Vorzeichen der Determinante.

Beispiel:

$$\begin{vmatrix} a_{11} & a_{12} \\ a_{21} & a_{22} \end{vmatrix} = - \begin{vmatrix} a_{12} & a_{11} \\ a_{22} & a_{21} \end{vmatrix}.$$

Satz 5: Zwei Determinanten, welche sich nur in einer Spalte, beziehungsweise Zeile, unterscheiden, kann man addieren, indem man diese beiden Spalten oder Zeilen gliedweise addiert.

Beispiel:

$$\begin{vmatrix} a_{11} & a_{12} & a_{13} \\ a_{21} & a_{22} & a_{23} \\ a_{31} & a_{32} & a_{33} \end{vmatrix} + \begin{vmatrix} a_{11} & b_{12} & a_{13} \\ a_{21} & b_{22} & a_{23} \\ a_{31} & b_{32} & a_{33} \end{vmatrix} = \begin{vmatrix} a_{11} & a_{12}+b_{12} & a_{13} \\ a_{21} & a_{22}+b_{22} & a_{23} \\ a_{31} & a_{32}+b_{32} & a_{33} \end{vmatrix}.$$

Satz 6: Eine Determinante, in welcher zwei Spalten, beziehungsweise zwei Zeilen, übereinstimmen, ist null.

Beweis: Vertauscht man zwei Spalten, beziehungsweise Zeilen, so ändert die Determinante nach Satz 4 ihr Vorzeichen. Da sich aber bei Spalten- beziehungsweise Zeilengleichheit bei dieser Vertauschung nichts ändert, muß sie also gleich ihrem negativen Wert sein, also null. ☐

Beispiel:

$$\begin{vmatrix} 3 & 1 & 1 \\ 3 & 1 & 1 \\ 2 & 1 & 5 \end{vmatrix} = 0.$$

Satz 7: Addiert man zu einer Spalte, beziehungsweise einer Zeile, ein Vielfaches einer anderen Spalte, Zeile, so ändert die Determinante ihren Wert nicht.

Beispiel:

$$|A| = \begin{vmatrix} a_{11}+\lambda a_{13} & a_{12} & a_{13} \\ a_{21}+\lambda a_{23} & a_{22} & a_{23} \\ a_{31}+\lambda a_{33} & a_{32} & a_{33} \end{vmatrix} = \begin{vmatrix} a_{11} & a_{12} & a_{13} \\ a_{21} & a_{22} & a_{23} \\ a_{31} & a_{32} & a_{33} \end{vmatrix}.$$

Nach Satz 5 und Satz 2 gilt:

$$|A| = \begin{vmatrix} a_{11} & a_{12} & a_{13} \\ a_{21} & a_{22} & a_{23} \\ a_{31} & a_{32} & a_{33} \end{vmatrix} + \lambda \begin{vmatrix} a_{13} & a_{12} & a_{13} \\ a_{23} & a_{22} & a_{23} \\ a_{33} & a_{32} & a_{33} \end{vmatrix}.$$

Nach Satz 6 ist aber die zweite Determinante gleich null.

Satz 8: Eine Determinante, in der über oder unter der Hauptdiagonalen lauter Nullen stehen, ist gleich dem Produkt der Elemente in der Hauptdiagonalen. Eine solche Determinante bezeichnet man als Dreiecksdeterminante.

Beispiel:

$$\begin{vmatrix} a_{11} & 0 & 0 \\ a_{21} & a_{22} & 0 \\ a_{31} & a_{32} & a_{33} \end{vmatrix} = a_{11} a_{22} a_{33}.$$

Der Beweis kann wiederum mit Hilfe der Entwicklung nach LAPLACE geführt werden.

3.5 Verallgemeinerung der Laplace'schen Entwicklung

Die Laplace'sche Entwicklung in Abschn. 3.3 läßt sich für beliebige Zeilen der n-reihigen Determinante $|A|$ angeben, so zum Beispiel:

$$a_{21}A_{21}+a_{22}A_{22}+a_{23}A_{23}+\cdots+a_{2n}A_{2n}$$
$$=-(a_{21}|A_{21}|-a_{22}|A_{22}|+a_{23}|A_{23}|+-\cdots+-a_{2n}|A_{2n}|).$$

Die Klammer auf der rechten Seite ist nach Definition der Wert der Determinante, den man durch Vertauschung der beiden ersten Zeilen von $|A|$ erhält. Die Klammer ist also gleich $(-|A|)$ und daher ist

$$|A|=a_{21}A_{21}+a_{22}A_{22}+\cdots+a_{2n}A_{2n}.$$

Multipliziert man die Elemente einer Zeile der Determinante nicht mit den entsprechenden Adjunkten, sondern mit denjenigen der Elemente einer anderen Zeile, zum Beispiel

$$a_{21}A_{11}+a_{22}A_{12}+a_{23}A_{13}+\cdots+a_{2n}A_{1n},$$

so ist diese Summe nach Definition eine Determinante. In der Determinante $|A|$ wird dann die erste Zeile durch $(a_{21},a_{22},a_{23},\ldots,a_{2n})$ ersetzt. Die Summe stellt also eine Determinante dar, in der die beiden ersten Zeilen aus den gleichen Elementen bestehen. Nach Satz 6 ist der Wert dieser Determinante gleich null.

Mit dem Transpositionssatz 1 ergeben sich aus diesen Erkenntnissen die folgenden beiden Sätze:

Satz 1: Ist $|A|$ die Determinante

$$\begin{vmatrix} a_{11} & a_{12} & \ldots & a_{1n} \\ a_{21} & a_{22} & \ldots & a_{2n} \\ \vdots & \vdots & & \vdots \\ a_{n1} & a_{n2} & \ldots & a_{nn} \end{vmatrix},$$

so gilt der verallgemeinerte Entwicklungssatz

$$|A|=a_{i1}A_{i1}+a_{i2}A_{i2}+\cdots+a_{in}A_{in}, \quad \text{für } i=1,2,\ldots,n,$$

beziehungsweise

$$|A|=a_{1k}A_{1k}+a_{2k}A_{2k}+\cdots+a_{nk}A_{nk}, \quad \text{für } k=1,2,\ldots,n.$$

Satz 2: Ist $|A|$ dieselbe Determinante wie im Satz 1, so gilt

$$a_{i1}A_{j1}+a_{i2}A_{j2}+a_{i3}A_{j3}+\cdots+a_{in}A_{jn}=0,$$
$$\text{für } i,j=1,2,\ldots,n, \quad i\neq j,$$

beziehungsweise
$$a_{1k}A_{1h}+a_{2k}A_{2h}+\cdots+a_{nk}A_{nh}=0,$$
für $h, k = 1, \ldots, n, \quad h \neq k$.

3.6 Anwendungen der Rechenregeln

Die Berechnung einer Determinante mit Hilfe der Entwicklung von LAPLACE ist oft sehr mühsam. Man kann durch Anwenden der Sätze 1–8 in Abschn. 3.4 die Determinante durch erlaubte Operationen so ändern, daß möglichst viele Nullen auftreten.

a) Man berechne die Determinante

$$|A| = \begin{vmatrix} 1 & 2 & -1 & 2 \\ 3 & 0 & 1 & 5 \\ 1 & -2 & 0 & 3 \\ -2 & -4 & 1 & 6 \end{vmatrix}.$$

1. Schritt: Man addiert die zweite Zeile zur ersten:

$$|A| = \begin{vmatrix} 4 & 2 & 0 & 7 \\ 3 & 0 & 1 & 5 \\ 1 & -2 & 0 & 3 \\ -2 & -4 & 1 & 6 \end{vmatrix}.$$

2. Schritt: Jetzt wird die dritte Zeile zur ersten addiert:

$$|A| = \begin{vmatrix} 5 & 0 & 0 & 10 \\ 3 & 0 & 1 & 5 \\ 1 & -2 & 0 & 3 \\ -2 & -4 & 1 & 6 \end{vmatrix}.$$

3. Schritt: Man subtrahiert das Zweifache der ersten Spalte von der vierten:

$$|A| = \begin{vmatrix} 5 & 0 & 0 & 0 \\ 3 & 0 & 1 & -1 \\ 1 & -2 & 0 & 1 \\ -2 & -4 & 1 & 10 \end{vmatrix}.$$

4. Schritt: Man addiert die dritte Zeile zur zweiten:

$$|A| = \begin{vmatrix} 5 & 0 & 0 & 0 \\ 4 & -2 & 1 & 0 \\ 1 & -2 & 0 & 1 \\ -2 & -4 & 1 & 10 \end{vmatrix}.$$

5. Schritt: Man addiert 1/2 der zweiten Spalte zur dritten:

$$|A| = \begin{vmatrix} 5 & 0 & 0 & 0 \\ 4 & -2 & 0 & 0 \\ 1 & -2 & -1 & 1 \\ -2 & -4 & -1 & 10 \end{vmatrix}.$$

6. Schritt: Man addiert die dritte Spalte zur vierten:

$$|A| = \begin{vmatrix} 5 & 0 & 0 & 0 \\ 4 & -2 & 0 & 0 \\ 1 & -2 & -1 & 0 \\ -2 & -4 & -1 & 9 \end{vmatrix}.$$

Damit hat man die Determinante auf die Dreiecksform gebracht und erhält nach Satz 8:

$$|A| = 5 \cdot (-2) \cdot (-1) \cdot 9 = 90.$$

b) Es soll gezeigt werden, daß die sogenannte *Vandermonde'sche Determinante* für lauter verschiedene x_i nicht null ist:

$$|V| = \begin{vmatrix} 1 & 1 & \ldots & 1 \\ x_1 & x_2 & \ldots & x_n \\ x_1^2 & x_2^2 & \ldots & x_n^2 \\ \vdots & \vdots & & \vdots \\ x_1^{n-2} & x_2^{n-2} & \ldots & x_n^{n-2} \\ x_1^{n-1} & x_2^{n-1} & \ldots & x_n^{n-1} \end{vmatrix}.$$

Man subtrahiert das x_1-fache der ersten Zeile von der zweiten, hierauf setzt man wiederum das x_1-fache der zweiten von der dritten ab. Auf diese Weise fährt man fort, bis schließlich das x_1-fache der $(n-1)$-ten Zeile von der n-ten Zeile subtrahiert ist und erhält:

$$|V| = \begin{vmatrix} 1 & 1 & & 1 \\ 0 & (x_2 - x_1) & \ldots & (x_n - x_1) \\ 0 & (x_2^2 - x_1 x_2) & \ldots & (x_n^2 - x_1 x_n) \\ \vdots & \vdots & & \vdots \\ 0 & (x_2^{n-2} - x_1 x_2^{n-3}) & \ldots & (x_n^{n-2} - x_1 x_n^{n-3}) \\ 0 & (x_2^{n-1} - x_1 x_2^{n-2}) & \ldots & (x_n^{n-1} - x_1 x_n^{n-2}) \end{vmatrix}.$$

Entwickelt man nach der ersten Spalte und nimmt in der verbleibenden Unterdeterminanten nach Satz 2 die gemeinsamen Faktoren jeder Spalte nach vorne, so ist

$$|V| = (x_2 - x_1)(x_3 - x_1) \cdots (x_n - x_1) \begin{vmatrix} 1 & 1 & \ldots & 1 \\ x_2 & x_3 & \ldots & x_n \\ x_2^2 & x_3^2 & \ldots & x_n^2 \\ \vdots & \vdots & & \vdots \\ x_2^{n-3} & x_3^{n-3} & \ldots & x_n^{n-3} \\ x_2^{n-2} & x_3^{n-2} & \ldots & x_n^{n-2} \end{vmatrix}.$$

Das Verfahren läßt sich fortsetzen, indem man in dieser $(n-1)$-reihigen Determinante das x_2-fache der $(i-1)$-ten Zeile von der i-ten Zeile subtrahiert und die Determinante wie oben entwickelt. Man gelangt schließlich zum folgenden Produkt:

$$\begin{aligned} |V| = (x_2 - x_1)(x_3 - x_1) & \ldots (x_n - x_1) \\ \cdot (x_3 - x_2) & \ldots (x_n - x_2) \\ \vdots & \quad \vdots \\ \cdot (x_{n-1} - x_{n-2}) & \cdot (x_n - x_{n-2}) \\ & \cdot (x_n - x_{n-1}). \end{aligned}$$

$|V|$ ist also für paarweise verschiedene x_i, $i = 1, \ldots, n$, ungleich null.

Aufgabe: Man bringe in ähnlicher Weise die Determinante

$$\begin{vmatrix} 1 & 3 & 3 & 1 \\ 1 & 4 & 3 & 0 \\ 1 & 3 & 4 & 0 \\ 0 & 4 & -1 & -3 \end{vmatrix}$$

auf Dreiecksform!

3.7 Multiplikation von Determinanten

Gegeben seien die beiden Determinanten

$$|B| = \begin{vmatrix} b_{11} & \ldots & b_{1n} \\ b_{21} & \ldots & b_{2n} \\ \vdots & & \vdots \\ b_{n1} & \ldots & b_{nn} \end{vmatrix} \quad \text{und} \quad |C| = \begin{vmatrix} c_{11} & \ldots & c_{1m} \\ c_{21} & \ldots & c_{2m} \\ \vdots & & \vdots \\ c_{m1} & \ldots & c_{mm} \end{vmatrix},$$

und man bilde die neue Determinante

$$|A| = \begin{vmatrix} b_{11} & b_{12} & \dots & b_{1n} & 0 & 0 & \dots & 0 \\ b_{21} & b_{22} & \dots & b_{2n} & 0 & 0 & \dots & 0 \\ \vdots & \vdots & & \vdots & \vdots & \vdots & & \vdots \\ b_{n1} & b_{n2} & \dots & b_{nn} & 0 & 0 & \dots & 0 \\ \times & \times & \dots & \times & c_{11} & c_{12} & \dots & c_{1m} \\ \times & \times & \dots & \times & c_{21} & c_{22} & \dots & c_{2m} \\ \vdots & \vdots & & \vdots & \vdots & \vdots & & \vdots \\ \times & \times & \dots & \times & c_{m1} & c_{m2} & \dots & c_{mm} \end{vmatrix}.$$

Die ×-Einträge sind beliebige Elemente.
Entwickelt man $|A|$ jeweils nach eine der ersten Zeilen, so erkennt man, daß

$$|A| = |B||C|.$$

Satz: Für die Determinante des Produktes zweier n-reihigen Matrizen A und B gilt:

(1) $\qquad |AB| = |A||B|,$

sowie

(2) $\qquad |AB| = |BA|.$

Beweis: Die Beziehung (1) läßt sich mit Hilfe der Laplace'schen Entwicklung zeigen. Der Beweis für (2) erhält man mit Hilfe des Transpositionssatzes. □

3.8 Rändern einer Determinante

Eine Determinante m-ter Ordnung läßt sich in eine solche höherer Ordnung überführen, indem entsprechend viele Zeilen und Spalten angefügt werden, die in der Hauptdiagonale 1 aufweisen. Man nennt dies „*Rändern*" einer Determinante.

Beispiel:

$$\begin{vmatrix} a_{11} & a_{12} & a_{13} \\ a_{21} & a_{22} & a_{23} \\ a_{31} & a_{32} & a_{33} \end{vmatrix} = \begin{vmatrix} 1 & \alpha_1 & \alpha_2 & \alpha_3 & \alpha_4 \\ 0 & 1 & \beta_1 & \beta_2 & \beta_3 \\ 0 & 0 & a_{11} & a_{12} & a_{13} \\ 0 & 0 & a_{21} & a_{22} & a_{23} \\ 0 & 0 & a_{31} & a_{32} & a_{33} \end{vmatrix}.$$

Die α- und β-Werte lassen sich beliebig wählen. Entwickelt man die rechtsstehende Determinante nach der ersten Spalte und den dabei entstehenden Minor auf dieselbe Weise, so kann die Gleichheit unmittelbar ersehen werden.

Allgemein läßt sich eine gegebene Determinante $|A|$ n-ter Ordnung mit Hilfe der $(m \times n)$-Matrix B wie folgt rändern:

$$|A| = \begin{vmatrix} I_m & B \\ 0 & A \end{vmatrix}.$$

4. Quadratische Matrizen

4.1 Determinante und Spur einer quadratischen Matrix

In diesem Abschnitt werden einige Aussagen über quadratische Matrizen zusammengestellt. Betrachtet man die einer quadratischen Matrix A zugeordnete Determinante $|A|$, so gilt nach der Folgerung des Abschn. 3.2 für eine singuläre Matrix $|A|=0$ und für eine reguläre $|A|\neq 0$.

Für das Produkt einer regulären Matrix A mit einer singulären Matrix B gilt nach dem Multiplikationssatz für Determinanten, Abschn. 3.7:

$$|AB| = |A||B| = |C| = 0,$$

da $|B|=0$. Die Produktmatrix $C=AB$ ist ebenfalls singulär.

Die Determinante einer quadratischen Matrix verhält sich bei gewissen Umformungen invariant. Dasselbe gilt auch für die *Spur*:

Definition: $\mathrm{sp}A = a_{11} + a_{22} + \cdots + a_{nn} = \sum_{i=1}^{n} a_{ii}$. Die Spur ist also die Summe der Diagonalelemente.

Es ist zum Beispiel

$$|A| = |A'|$$

und

$$\mathrm{sp}A = \mathrm{sp}A'.$$

Ist A eine $(m \times n)$-Matrix und B eine $(n \times m)$-Matrix, dann is AB eine $(m \times m)$-Matrix und BA eine $(n \times n)$-Matrix.

Es gilt der

Satz:

$$\mathrm{sp}(AB) = \mathrm{sp}(BA).$$

Beweis:

$$\mathrm{sp}(AB) = \sum_{i=1}^{m} \sum_{k=1}^{n} a_{ik}b_{ki} = \sum_{k=1}^{n} \sum_{i=1}^{m} b_{ki}a_{ik} = \mathrm{sp}(BA). \quad \square$$

4.2 Orthogonale Matrizen

Es seien $a_1, a_2, ..., a_n$ die Spaltenvektoren einer $(n \times n)$-Matrix A.

Definition: Eine Matrix A heißt orthogonal, wenn die n Spaltenvektoren ein orthogonales System von Einheitsvektoren bilden, das heißt das skalare Produkt von je zwei Vektoren ist:

$$a_i' a_j = \delta_{ij}, \quad i = 1, ..., n, \quad j = 1, ..., n,$$

wobei δ_{ij} das Kronecker-Symbol ist, mit

$$\delta_{ij} = \begin{cases} 1, & \text{für } i = j \\ 0, & \text{für } i \neq j. \end{cases}$$

Daraus kann man auf die fundamentale Eigenschaft orthogonaler Matrizen schließen:

Satz: Ist A eine orthogonale Matrix, so gilt:

$$A'A = AA' = I.$$

Es ist aber auch

$$|A'||A| = |I| = 1,$$

da $|A'| = |A|$, so wird $|A^2| = |A|^2 = 1$ oder $|A| = \pm 1$.

Man kann zeigen, daß in einer orthogonalen Matrix auch die Zeilenvektoren ein orthogonales System von Einheitsvektoren bilden.

Ohne Beweis sei noch erwähnt:

a) Sind A und B zwei orthogonale Matrizen gleicher Reihenzahl n, so sind auch ihre Produkte AB und BA orthogonal.

b) Eine symmetrische orthogonale Matrix A gehorcht der Relation

$$A^2 = I.$$

Aufgaben: Die Matrizen

$$X = \begin{pmatrix} \frac{1}{2} & -\frac{1}{2}\sqrt{3} & 0 \\ \frac{1}{2}\sqrt{3} & \frac{1}{2} & 0 \\ 0 & 0 & 1 \end{pmatrix}$$

und

$$Y = \frac{1}{\sqrt{13}} \begin{pmatrix} 3 & 2 \\ -2 & 3 \end{pmatrix}$$

sind auf Orthogonalität zu untersuchen.

4.3 Inverse Matrizen

4.3.1 Begriff

Da eine reguläre Abbildung $f: R^n \to R^n$ ein Automorphismus und damit eineindeutig ist, existiert auch eine Umkehrabbildung f^{-1}, die f rückgängig macht, derart daß

$$f^{-1} \circ f = f \circ f^{-1} = i;$$

i ist die identische Abbildung, die jeden Vektor $x \in R^n$ in sich selbst überführt. Ist A die mit der Abbildung f gegebene $(n \times n)$-Matrix, dann ist eine neue n-reihige Matrix A^{-1} zu suchen, so daß

$$A^{-1}A = AA^{-1} = I,$$

die Einheitsmatrix ergibt. A^{-1} wird die *inverse* Matrix von A genannt. Da f regulär ist, ist auch A regulär, und es ist $|A| \neq 0$. Für singuläre Matrizen, $|A| = 0$, existiert also A^{-1} nicht.

Um die Inverse A^{-1} mit Hilfe von A ausdrücken zu können, benötigt man den Begriff der *Adjungierten* einer Matrix.

Definition: A_{ij}, $i = 1, \ldots, n$, $j = 1, \ldots, n$ seien die n^2 Kofaktoren der Determinante $|A|$. Unter der Adjungierten der Matrix A versteht man die Matrix

$$A_{\text{adj}} = \begin{pmatrix} A_{11} & A_{21} & \ldots & A_{n1} \\ A_{12} & A_{22} & \ldots & A_{n2} \\ \vdots & \vdots & & \vdots \\ A_{1n} & A_{2n} & \ldots & A_{nn} \end{pmatrix}.$$

Man macht nun den folgenden Ansatz:

$$A A_{\text{adj}} = \begin{pmatrix} a_{11} & a_{12} & \ldots & a_{1n} \\ a_{21} & a_{22} & \ldots & a_{2n} \\ \vdots & \vdots & & \vdots \\ a_{n1} & a_{n2} & \ldots & a_{nn} \end{pmatrix} \cdot \begin{pmatrix} A_{11} & A_{21} & \ldots & A_{n1} \\ A_{12} & A_{22} & \ldots & A_{n2} \\ \vdots & \vdots & & \vdots \\ A_{1n} & A_{2n} & \ldots & A_{nn} \end{pmatrix}.$$

Betrachtet man in der Produktmatrix zum Beispiel das Element, das als Skalarprodukt aus der ersten Zeile von A und der ersten Spalte von A_{adj} berechnet wird, dann ist nach Satz 1 von Abschn. 3.5 der Ausdruck $\sum_{i=1}^{n} a_{1i} A_{1i} = |A|$.

Die entsprechende Beziehung gilt auch für die übrigen Hauptdiagonalelemente der Matrix $A A_{\text{adj}}$. Nach Satz 2 des Abschn. 3.5 verschwinden alle Elemente außerhalb der Hauptdiagonale von $A A_{\text{adj}}$. Damit erhält man das Ergebnis:

$$A A_{\text{adj}} = \begin{pmatrix} |A| & 0 & \ldots & 0 \\ 0 & |A| & \ldots & 0 \\ \vdots & \vdots & \ddots & \vdots \\ 0 & 0 & \ldots & |A| \end{pmatrix} = |A| \begin{pmatrix} 1 & 0 & \ldots & 0 \\ 0 & 1 & \ldots & 0 \\ \vdots & \vdots & \ddots & \vdots \\ 0 & 0 & \ldots & 1 \end{pmatrix} = A_{\text{adj}} A.$$

Da $|A| \neq 0$, folgt aus dieser Beziehung

$$A \frac{1}{|A|} A_{\text{adj}} = \frac{1}{|A|} A_{\text{adj}} A = I$$

oder, wenn $A^{-1} = \dfrac{1}{|A|} A_{\text{adj}}$ gesetzt wird,

$$A A^{-1} = A^{-1} A = I,$$

A^{-1} ist wegen der Eigenschaft (6) in Abschn. 2.1.2 eindeutig.

Beispiele:

1. $A = \begin{pmatrix} 1 & 3 & 3 \\ 1 & 4 & 3 \\ 1 & 3 & 4 \end{pmatrix}.$

$$A^{-1} = \frac{1}{\begin{vmatrix} 1 & 3 & 3 \\ 1 & 4 & 3 \\ 1 & 3 & 4 \end{vmatrix}} \begin{pmatrix} +\begin{vmatrix} 4 & 3 \\ 3 & 4 \end{vmatrix} & -\begin{vmatrix} 3 & 3 \\ 3 & 4 \end{vmatrix} & +\begin{vmatrix} 3 & 3 \\ 4 & 3 \end{vmatrix} \\ -\begin{vmatrix} 1 & 3 \\ 1 & 4 \end{vmatrix} & +\begin{vmatrix} 1 & 3 \\ 1 & 4 \end{vmatrix} & -\begin{vmatrix} 1 & 3 \\ 1 & 3 \end{vmatrix} \\ +\begin{vmatrix} 1 & 4 \\ 1 & 3 \end{vmatrix} & -\begin{vmatrix} 1 & 3 \\ 1 & 3 \end{vmatrix} & +\begin{vmatrix} 1 & 3 \\ 1 & 4 \end{vmatrix} \end{pmatrix}$$

$$= 1 \cdot \begin{pmatrix} 7 & -3 & -3 \\ -1 & 1 & 0 \\ -1 & 0 & 1 \end{pmatrix} = \begin{pmatrix} 7 & -3 & -3 \\ -1 & 1 & 0 \\ -1 & 0 & 1 \end{pmatrix}.$$

2. Gegeben sei die Matrix

$$A = \begin{pmatrix} a & b \\ c & d \end{pmatrix},$$

dann gilt für die Inverse

$$A^{-1} = \frac{1}{|A|}\begin{pmatrix} d & -b \\ -c & a \end{pmatrix} = \frac{1}{ad-bc}\begin{pmatrix} d & -b \\ -c & a \end{pmatrix}.$$

4.3.2 Eigenschaften inverser Matrizen

Die Matrix A^{-1} besitzt die folgenden Eigenschaften:

(1) A^{-1} ist regulär, da $|A| \neq 0$ und
$|A||A^{-1}| = 1 = |AA^{-1}|$, folgt $|A^{-1}| \neq 0$.

(2) $|A^{-1}| = \dfrac{1}{|A|}$, was unmittelbar aus (1) ersehen werden kann.

(3) $(A')^{-1} = (A^{-1})'$, denn es ist
$AA^{-1} = (A^{-1})'A' = I$.

Mit A besitzt also A' auch eine inverse Matrix, somit ist
$(A')^{-1}A' = I$.

Daraus schließt man, daß bei symmetrischen Matrizen auch die Inverse symmetrisch ist:

$A^{-1} = (A^{-1})' = (A')^{-1}$.

Für eine orthogonale Matrix B gilt $BB' = B'B = I$, und man erkennt, daß $B' = B^{-1}$ ist.

Ist die orthogonale Matrix C symmetrisch, dann folgt aus $CC' = I = CC^{-1}$ und $C = C'$ die Beziehung $C = C^{-1}$.

Für die Transpositionsmatrix J_{nk} gilt $J_{nk} = J'_{nk}$ und $J_{nk}J'_{nk} = I$, somit ist $J_{nk} = J_{nk}^{-1}$. Betrachtet man eine Permutationsmatrix P, so ist im allgemeinen $P \neq P'$, aber $PP' = I$. Es ist also $P' = P^{-1}$.

Beispiele:

1. $J_{23} = \begin{pmatrix} 1 & 0 & 0 \\ 0 & 0 & 1 \\ 0 & 1 & 0 \end{pmatrix}$,

es ist $J_{23} = J'_{23}$ und $J_{23}J'_{23} = I$.

2. $P = \begin{pmatrix} 0 & 0 & 1 \\ 1 & 0 & 0 \\ 0 & 1 & 0 \end{pmatrix}; \quad P' = \begin{pmatrix} 0 & 1 & 0 \\ 0 & 0 & 1 \\ 1 & 0 & 0 \end{pmatrix}$

$$PP' = \begin{pmatrix} 0 & 0 & 1 \\ 1 & 0 & 0 \\ 0 & 1 & 0 \end{pmatrix} \cdot \begin{pmatrix} 0 & 1 & 0 \\ 0 & 0 & 1 \\ 1 & 0 & 0 \end{pmatrix} = \begin{pmatrix} 1 & 0 & 0 \\ 0 & 1 & 0 \\ 0 & 0 & 1 \end{pmatrix}.$$

Die Matrix P' ist also invers zur Matrix P.

(4) $(AB)^{-1} = B^{-1}A^{-1}$.

Multipliziert man die obige Beziehung auf beiden Seiten von rechts mit A, erhält man

$$(AB)^{-1}A = B^{-1}I,$$

und die Multiplikation mit B ergibt

$$(AB)^{-1}AB = I.$$

Allgemein gilt

$$(AB \cdots HK)^{-1} = K^{-1}H^{-1} \cdots B^{-1}A^{-1}.$$

(5) Die Inverse einer oberen Dreiecksmatrix ist wieder eine obere Dreiecksmatrix, entsprechend ist die Beziehung für die untere Dreiecksmatrix. Diese Eigenschaft folgt unmittelbar aus den Definitionen der Dreiecksmatrix und der Inversen mit Hilfe der Adjungierten.

4.3.3 Matrizendivision

Die $(n \times n)$-Matrizen A und C seien gegeben; in den beiden Aufgaben

$$AB = C$$

und

$$BA = C$$

sei die Matrix B zu bestimmen.

Man kann die Lösung durch „Division" mit der Matrix A finden. Ist $|A| \neq 0$, kann man beide Gleichungen mit der inversen Matrix A^{-1} multiplizieren, nämlich

$$A^{-1}AB = A^{-1}C$$
$$B = A^{-1}C$$

und

$$BAA^{-1} = CA^{-1}$$
$$B = CA^{-1}.$$

Im ersten Fall ist mit A^{-1} von links her und im zweiten von rechts her zu multiplizieren. Die Lösungen für B sind im allgemeinen verschieden, weil $A^{-1}C \neq CA^{-1}$, da die Matrizenmultiplikation nicht kommutativ ist.

4.3.4 Austauschverfahren

Die Vektoren $(f_1, \ldots, f_n) \in R^n$ seien linear unabhängig; sie lassen sich durch die Basisvektoren $(e_1, \ldots, e_n)$ als Linearkombinationen ausdrücken:

(1) $$f_i = \sum_{j=1}^{n} a_{ij} e_j, \quad i=1,\ldots,n,$$

mit den gegebenen Koeffizienten a_{ij}. Diese Vektoren f_i bestimmen eine lineare Abbildung g des Vektorraumes R^n in sich. Die Koordinaten a_{ij} bilden die Elemente der quadratischen Matrix A. Nach dem Austauschsatz von STEINITZ, Abschn. 1.5, läßt sich jeder Basisvektor e_j gegen einen Vektor f_j austauschen. Werden alle Vektoren $f_1, \ldots, f_n$ ausgetauscht, dann bilden die Vektoren f_j, $j=1,\ldots,n$, wieder eine Basis.

Die Umkehrabbildung g^{-1} führt das System (1) über in

$$e_j = \sum_{i=1}^{n} b_{ji} f_i, \quad i=1,\ldots,n.$$

Die Koeffizienten b_{ji} sind die Elemente der gesuchten inversen Matrix $B = A^{-1}$. Man hat also wiederum die Basisvektoren f_i gegen e_j auszutauschen. Dafür läßt sich eine taugliche Rechenvorschrift angeben. Das Verfahren wird am Beispiel

(2) $$f_1 = a_{11} e_1 + a_{12} e_2$$
$$f_2 = a_{21} e_1 + a_{22} e_2$$

erläutert. Üblicherweise führt man für diese Beziehungen das folgende Tableau ein:

	e_1	e_2
f_1	a_{11}	a_{12}
f_2	a_{21}	a_{22}

Die erste Gleichung in (2) wird nach e_1 aufgelöst und das Ergebnis in der zweiten Gleichung eingesetzt:

$$e_1 = \frac{1}{a_{11}} f_1 - \frac{a_{12}}{a_{11}} e_2$$
$$f_2 = \frac{a_{21}}{a_{11}} f_1 + \left(a_{22} - a_{21} \frac{a_{12}}{a_{11}} \right) e_2.$$

Im Tableau kann man diese Beziehung wie folgt darstellen:

	f_1	e_2
e_1	$\dfrac{1}{a_{11}}$	$-\dfrac{a_{12}}{a_{11}}$
f_2	$\dfrac{a_{21}}{a_{11}}$	$a_{22} - a_{21} \dfrac{a_{12}}{a_{11}}$.

Der Austausch von f_1 gegen e_1 ist immer dann möglich, wenn $a_{11} \neq 0$ ist. Der Koeffizient a_{11}, beziehungsweise beim Austausch beliebiger Vektoren f_i und e_j der Koeffizient a_{ij}, wird als *Pivot* oder Pivotelement bezeichnet. Die Zeile und die Spalte, in denen das Pivotelement steht, wird entsprechend *Pivotzeile* und *Pivotspalte* genannt. Der Übergang von einem Tableau zum andern heißt *Austauschschritt*.

Um das Beispiel auf n-Vektoren zu verallgemeinern, werden die folgenden Bezeichnungen eingeführt: Es sei a_{ij} das Pivotelement, a_{ik}, $k = 1, \ldots, n$, $k \neq j$, die übrigen Elemente der Pivotzeile, a_{lj}, $l = 1, \ldots, n$, $l \neq i$, die übrigen Elemente der Pivotspalte und a_{lk}, $l = 1, \ldots, n$, $k = 1, \ldots, n$, $l \neq i$, $k \neq j$ alle Elemente außerhalb von Pivotzeile und Pivotspalte. Damit kann man nun die Regeln für die Umformung eines Tableaus angeben:

(1) $$a_{ij}^{(1)} = \frac{1}{a_{ij}},$$

Das Pivot geht in den reziproken Wert über.

(2) $$a_{ik}^{(1)} = -\frac{a_{ik}}{a_{ij}}, \quad k = 1, \ldots, n, \quad k \neq j.$$

Die restlichen Elemente der Pivotzeile werden durch das Pivot dividiert und mit -1 multipliziert.

(3) $$a_{lj}^{(1)} = \frac{a_{lj}}{a_{ij}}, \quad l = 1, \ldots, n, \quad l \neq i.$$

Die restlichen Elemente der Pivotspalte werden mit dem Pivotelement dividiert.

(4) $$a_{lk}^{(1)} = a_{lk} - a_{lj} \frac{a_{ik}}{a_{ij}}, \quad \begin{matrix} k = 1, \ldots, n, & k \neq j, \\ l = 1, \ldots, n, & l \neq i. \end{matrix}$$

Von den nicht in der Pivotzeile und Pivotspalte stehenden Elementen a_{lk} wird das mit dem Pivot dividierte Produkt aus dem auf der entsprechenden Zeile l stehenden Element a_{lj} der Pivotspalte mit dem Element a_{ik} der Pivotzeile subtrahiert.

Der Austausch von e_2 gegen f_2 im letzten Tableau erfolgt nach den Regeln (1)–(4).

Beispiele:

1. Man invertiere die Matrix

$$A = \begin{pmatrix} 1 & 3 & 3 \\ 1 & 4 & 3 \\ 1 & 3 & 4 \end{pmatrix}.$$

Das Ausgangstableau, *Tableau I*, lautet also:

	e_1	e_2	e_3
f_1	1	3	③
f_2	1	4	3
f_3	1	3	4.

Tauscht man e_3 gegen f_1 aus, so wird $a_{13}=3$ Pivot; die Umformung ergibt das *Tableau II*

	e_1	e_2	f_1
e_3	$-\frac{1}{3}$	-1	$\frac{1}{3}$
f_2	0	①	1
f_3	$-\frac{1}{3}$	-1	$\frac{4}{3}$.

Austausch von e_2 gegen f_3, *Tableau III*:

	e_1	f_2	f_1
e_3	$-\frac{1}{3}$	-1	$\frac{4}{3}$
e_2	0	1	-1
f_3	$\boxed{-\frac{1}{3}}$	-1	$\frac{7}{3}$.

Schließlich ist e_1 gegen f_3 auszutauschen, *Tableau IV*:

	f_3	f_2	f_1
e_3	1	0	-1
e_2	0	1	-1
e_1	-3	-3	7.

Bei diesem Vorgehen wurde nicht e_1 gegen f_1 und e_3 gegen f_3 ausgetauscht. Es müssen deshalb in Tableau IV die erste und dritte Spalte vertauscht werden und entsprechend auch die erste und dritte Zeile, so daß man die inverse Matrix A^{-1} erhält; man vergleiche mit dem 1. Beispiel in Abschn. 4.3.1:

$$A^{-1} = \begin{pmatrix} 7 & -3 & -3 \\ -1 & 1 & 0 \\ -1 & 0 & 1 \end{pmatrix}.$$

2. Man invertiere

$$B = \begin{pmatrix} 5 & -3 & -1 \\ 1 & 1 & 3 \\ 3 & 0 & 3 \end{pmatrix}.$$

Lösung: Nach zwei Austauschschritten erhält man das Tableau:

	f_1	f_2	e_3
e_1	$\frac{1}{8}$	$\frac{3}{8}$	-1
e_2	$-\frac{1}{8}$	$\frac{5}{8}$	-2
f_3	$\frac{3}{8}$	$\frac{9}{8}$	0

Die Vektoren e_3 und f_3 können nicht mehr ausgetauscht werden, da das zugehörige Pivot verschwindet. Die Überprüfung der Matrix B zeigt $|B|=0$. Die drei Spaltenvektoren von B sind linear abhängig, denn es gilt:

$$b_1 + 2b_2 - b_3 = 0.$$

Der Rang von B ist also kleiner als 3.

5. Lineare Gleichungssysteme

5.1 Lösbarkeit linearer Gleichungssysteme

5.1.1 Einleitung

Ein lineares Gleichungssystem hat die Form

(1)
$$\begin{array}{c} a_{11}x_1 + \cdots + a_{1n}x_n = b_1 \\ \vdots \qquad\qquad \vdots \qquad \vdots \\ a_{m1}x_1 + \cdots + a_{mn}x_n = b_m \end{array}$$

oder

$$\sum_{j=1}^{n} a_{ij}x_j = b_i, \quad i = 1, \ldots, m,$$

wobei die Koeffizienten a_{ij} und b_i gegeben sind, m und n endlich, und es kann $m > n$, $m = n$ oder $m < n$ sein. Bildet man aus den Koeffizienten a_{ij} eine $(m \times n)$-Matrix A und verwendet $b = (b_1, \ldots, b_m)'$ und $x = (x_1, \ldots, x_n)'$ als einspaltige Matrizen, so läßt sich das System (1) als Matrizengleichung angeben:

$$Ax = b.$$

Das System (1) wird *homogen* genannt, wenn die Koeffizienten $b_1 = b_2 = \cdots = b_m = 0$, und es heißt *inhomogen*, wenn wenigstens ein Koeffizient b_i von null verschieden ist.

Die Aufgabe der Lösung eines Gleichungssystems besteht darin, Werte für die Unbekannten $x_1, \ldots, x_n$ zu finden, die das System (1) erfüllen. Dabei interessieren die Voraussetzungen, die gegeben sein müssen, damit Lösungen existieren, und falls es solche gibt, unter welchen weiteren Bedingungen sie eindeutig sind. Schließlich benötigt man noch Rechenverfahren zum Auflösen der Gleichungssysteme.

Bildet man aus der Gleichung

$$Ax = b$$

die erweiterte Matrix

$$(A, b) = \begin{pmatrix} a_{11} & \cdots & a_{1n} & | & b_1 \\ \vdots & & \vdots & | & \vdots \\ a_{m1} & \cdots & a_{mn} & | & b_m \end{pmatrix},$$

so gilt $r(A) \leq r(A, b)$. Der Rang von A kann höchstens die Rangzahl von (A, b) erreichen. Die Matrix A selbst und auch jede Untermatrix von A ist zugleich auch Untermatrix von (A, b). Der Rang $r(A, b)$ kann deshalb höchstens $r(A) + 1$ sein. Ist $r(A) < r(A, b)$, dann muß die nichtverschwindende Unterdeterminante von der höchsten Ordnung von (A, b) den Vektor b enthalten. In diesem Fall ist b von den übrigen Spalten aus (A, b) und damit auch von den Spalten in A linear unabhängig. Dann existiert keine Lösung; das Gleichungssystem ist unverträglich.

Es gilt der

Satz 1: Das System (1) hat dann und nur dann wenigstens eine Lösung, wenn $r(A) = r(A, b)$.

Betrachtet man die Zeilenvektoren der $(m \times n)$-Matrix A, dann ist eine Voraussetzung für eine Lösung von (1) angegeben im

Satz 2: Das System (1) hat bei gegebener Matrix A dann und nur dann wenigstens eine Lösung für einen beliebigen m-Vektor b, wenn $r(A) = m$.

Beispiel: Gegeben ist das Gleichungssystem:

$$\begin{aligned} x_1 + 3x_2 + 3x_3 &= 1 \\ x_1 + 4x_2 + 3x_3 &= 0 \\ x_1 + 3x_2 + 4x_3 &= 0 \\ 4x_2 - x_3 &= c; \end{aligned}$$

für Werte von $c \neq -3$ ist die erweiterte Determinante des Gleichungssystems

$$\begin{vmatrix} 1 & 3 & 3 & 1 \\ 1 & 4 & 3 & 0 \\ 1 & 3 & 4 & 0 \\ 0 & 4 & -1 & c \end{vmatrix} \neq 0;$$

das System ist unverträglich, beim Auflösen stößt man auf einen Widerspruch.

5.1.2 Inhomogene lineare Gleichungssysteme

a) Das Gleichungssystem (1) habe nun m Gleichungen mit m Unbekannten. A ist eine $(m \times m)$-Matrix und b und x sind m-Vektoren; das System $Ax = b$, $b \neq 0$ soll die Voraussetzungen der Sätze 1 und 2 in Abschn. 5.1.1 erfüllen, nämlich $r(A) = r(A,b) = m$. Die eindeutige Lösung für x ist gegeben durch:

$$A^{-1}Ax = A^{-1}b$$

und

$$x = A^{-1}b.$$

Für einen gegebenen Vektor b kann also nur dann ein eindeutiger Lösungsvektor x bestimmt werden, wenn A^{-1} existiert.

Beispiel: Das Gleichungssystem

$$x_1 + 3x_2 + 3x_3 = b_1$$
$$x_1 + 4x_2 + 3x_3 = b_2$$
$$x_1 + 3x_2 + 4x_3 = b_3$$

besitzt die Lösung, Abschn. 4.3.1 und 4.3.4,

$$7b_1 - 3b_2 - 3b_3 = x_1$$
$$-b_1 + b_2 \qquad = x_2$$
$$-b_1 \qquad + b_3 = x_3.$$

b) Das Gleichungssystem $Ax = b$ mit A als eine $(m \times n)$-Matrix, habe die Eigenschaft $r(A) = r(A,b) = n < m$. Das Gleichungssystem hat also mehr Gleichungen als Unbekannte.

Greift man n linear unabhängige Zeilen aus der Matrix A heraus, es seien dies zum Beispiel die ersten n, dann sind die entsprechenden Zeilen in (A, b)

$$\begin{pmatrix} a'_1 & | & b_1 \\ \vdots & | & \vdots \\ a'_n & | & b_n \end{pmatrix}$$

ebenfalls linear unabhängig. Lassen sich die $m - n$ übrigen Zeilen von (A, b) als Linearkombinationen der n linear unabhängigen Zeilen darstellen, so sei

(2) $$(a'_k, b_k) = \sum_{i=1}^{n} \lambda_{ik}(a'_i, b_i), \quad k = n+1, \ldots, m$$

oder

$$a'_k = \sum_{i=1}^{n} \lambda_{ik} a'_i \quad \text{und} \quad b_k = \sum_{i=1}^{n} \lambda_{ik} b_i.$$

Erfüllt ein Vektor x in $Ax = b$ die ersten n linear unabhängigen Gleichungen, so erfüllt er wegen (2) auch die übrigen $m-n$ Gleichungen, diese sind also redundant und können beim Ermitteln der Lösung des Gleichungssystems vernachlässigt werden. Die Lösung für die zugehörige reguläre $(n \times n)$-Teilmatrix $\bar{A}$ von A und dem Vektor $\bar{b} = (b_1, \ldots, b_n)'$ ist

$$x = \bar{A}^{-1}\bar{b}.$$

Ein Gleichungssystem mit mehr Gleichungen als Unbekannte wird als *überbestimmt* bezeichnet.

Beispiel: Geht man vom System

$$\begin{aligned} x_1 + 3x_2 + 3x_3 &= 1 \\ x_1 + 4x_2 + 3x_3 &= 0 \\ x_1 + 3x_2 + 4x_3 &= 0 \\ 4x_2 - x_3 &= -3 \end{aligned}$$

aus, so gelten für die Zeilen der zugehörigen erweiterten Matrix

$$(A \mid b) = \begin{pmatrix} a'_1 & \mid & b_1 \\ a'_2 & \mid & b_2 \\ a'_3 & \mid & b_3 \\ a'_4 & \mid & b_4 \end{pmatrix} = \begin{pmatrix} 1 & 3 & 3 & \mid & 1 \\ 1 & 4 & 3 & \mid & 0 \\ 1 & 3 & 4 & \mid & 0 \\ 0 & 4 & -1 & \mid & -3 \end{pmatrix}$$

die Beziehungen

$$-3(a'_1, b) + 4(a'_2, b_2) - 1(a'_3, b_3) = (a'_4, b_4).$$

Die letzte Gleichung ist von den übrigen Gleichungen linear abhängig, denn sie entsteht aus dem vierfachen der zweiten abzüglich der dritten und dem dreifachen der ersten Gleichung. Es ist auch $|A, b| = 0$; man findet Unterdeterminanten mit $r = 3$. Die Lösung des Gleichungssystems ist gemäß dem Beispiel in a):

$$x_1 = 7, \quad x_2 = -1, \quad x_3 = -1.$$

Die letzte Gleichung ist für diese Werte auch erfüllt.

c) Es sei in der Gleichung

(3) $$Ax = b,$$

A eine $(m \times n)$-Matrix, $n > m$ und $r(A) = r(A, b) = m$. Das (3) entsprechende Gleichungssystem hat also mehr Unbekannte als Gleichungen. Man wählt nun aus der Matrix A eine $(m \times m)$-Teilmatrix A_i, derart, daß sie aus m linear unabhängigen Spalten aufgebaut ist, zum Beispiel aus den m ersten Spalten. Die $(m \times (n-m))$-Teilmatrix B_i umfaßt die restlichen Spalten von A. Entsprechend wird der Vektor x in zwei Vektoren $x_1 = (x_1, \ldots, x_m)'$ und $x_2 = (x_{m+1}, \ldots, x_n)'$ unterteilt, so daß die zu A_i und B_i gehörenden Elemente von x in x_1, beziehungsweise in x_2 stehen. Die Gleichung

$$Ax = A_i x_1 + B_i x_2 = b$$

hat die Lösungen

(4) $\qquad x_1 = A_i^{-1} b - A_i^{-1} B_i x_2 \, .$

Das Gleichungssystem läßt sich dann eindeutig für x_1 lösen, wenn Werte für x_2 festgesetzt sind. Damit ist x_1 nicht mehr eindeutig bestimmt, sondern es gibt unendlich viele Lösungen. Ein solches Gleichungssystem wird als *unterbestimmt* bezeichnet.

Setzt man für den Vektor $x_2 = 0$, dann ist

$$x_1 = A_i^{-1} b \, ;$$

diese Lösung des Gleichungssystems wird eine *Basislösung* von $Ax = b$ genannt, x_1 die *Basisvariablen* und A_i die *Basismatrix*. In einer Basislösung sind also $n - m$ Variable gleich null gesetzt und höchstens m Variable sind von null verschieden. Aus der $(m \times n)$-Matrix A lassen sich aber auch noch andere Basismatrizen A_i auswählen, nämlich maximal $\binom{n}{m}$.

Beispiel: Das System

$$\begin{aligned} x_1 + 3x_2 + 3x_3 + x_4 &= 1 \\ x_1 + 4x_2 + 3x_3 + 2x_4 &= 0 \\ x_1 + 3x_2 + 4x_3 + 3x_4 &= 0 \end{aligned}$$

ist unterbestimmt. Wählt man als Teilmatrix A_1 die ersten drei Spalten, nämlich

$$A_1 = \begin{pmatrix} 1 & 3 & 3 \\ 1 & 4 & 3 \\ 1 & 3 & 4 \end{pmatrix},$$

so ist A_1 regulär. Man hätte auch eine andere Basismatrix aus den weiteren drei möglichen wählen können, die ebenfalls nichtsingulär sind. Aus der Beziehung (4) folgt unmittelbar, da A_1^{-1} aus dem Beispiel in a) bekannt ist, das Ergebnis:

$$\begin{pmatrix} x_1 \\ x_2 \\ x_3 \end{pmatrix} = \begin{pmatrix} 7 & -3 & -3 \\ -1 & 1 & 0 \\ -1 & 0 & 1 \end{pmatrix} \begin{pmatrix} 1 \\ 0 \\ 0 \end{pmatrix} - \begin{pmatrix} 7 & -3 & -3 \\ -1 & 1 & 0 \\ -1 & 0 & 1 \end{pmatrix} \begin{pmatrix} 1 \\ 2 \\ 3 \end{pmatrix} (x_4)$$

$$= \begin{pmatrix} 7 \\ -1 \\ -1 \end{pmatrix} - \begin{pmatrix} -8 \\ 1 \\ 2 \end{pmatrix} (x_4) \, .$$

Setzt man zum Beispiel $x_4=1$, erhält man
$$x_1=15, \quad x_2=-2, \quad x_3=-3, \quad x_4=1.$$
Für $x_4=0$ folgt unmittelbar das Resultat des Beispiels in a), nämlich die Basislösung $x_1=7$ und $x_2=x_3=-1$. Für beliebige andere Werte x_4 folgen neue x_i, $i=1,2,3$.

5.1.3 Homogene lineare Gleichungssysteme

Das Gleichungssystem
$$\begin{aligned} a_{11}x_1 + \cdots + a_{1n}x_n &= 0 \\ \vdots \quad\quad\quad \vdots \quad\quad\quad &\vdots \\ a_{m1}x_1 + \cdots + a_{mn}x_n &= 0 \end{aligned}$$

hat in jedem Fall eine Lösung, nämlich die triviale Lösung $x_1=x_2=\cdots=x_n=0$. Für $Ax=0$ ist auch in jedem Fall $r(A)=r(A,b)$, da $b=0$.

Für nicht verschwindende Lösungen von x, $x \neq 0$, hat die Bedingung $r(A)<n$ erfüllt zu sein. Nach Abschn. 5.1.2c) lassen sich dann $n-r(A)$ Variable frei festsetzen; es existiert dann eine nichttriviale Lösung für x.

Satz: Ein homogenes lineares Gleichungssystem mit n Gleichungen und n Unbekannten hat dann und nur dann eine nichttriviale Lösung, wenn $|A|=0$.

Beweis: Die $(n \times n)$-Matrix A des homogenen Systems $Ax=0$ bestimmt eine lineare Abbildung f des R^n in sich. Sind die Spalten von $A=(a_1,\ldots,a_n)$ linear abhängig, so ist

$$\lambda_1 a_1 + \cdots + \lambda_n a_n = 0$$

mit wenigstens einem $\lambda_i \neq 0$. Dies entspricht dem System
$$\begin{aligned} a_{11}\lambda_1 + \cdots + a_{1n}\lambda_n &= 0 \\ \vdots \quad\quad\quad \vdots \quad\quad\quad &\vdots \\ a_{n1}\lambda_1 + \cdots + a_{nn}\lambda_n &= 0. \end{aligned}$$

Das Gleichungssystem
$$\begin{aligned} a_{11}x_1 + \cdots + a_{1n}x_n &= 0 \\ \vdots \quad\quad\quad \vdots \quad\quad\quad &\vdots \\ a_{n1}x_1 + \cdots + a_{nn}x_n &= 0 \end{aligned}$$

hat also dann und nur dann eine nichttriviale Lösung für x, wenn die Spaltenvektoren $a_1,\ldots,a_n$ linear abhängig sind. □

Folgerung: Jedes homogene lineare Gleichungssystem mit mehr Unbekannten als Gleichungen hat eine nichttriviale Lösung.

Beweis: Das Rangkriterium des vorhergehenden Satzes ist erfüllt, weil $r(A) \leq m < n$. □

5.1.4 Allgemeine Lösung eines linearen Gleichungssystems

Gegeben sei ein lineares Gleichungssystem (1) oder $Ax = b$, mit A als $(m \times n)$-Matrix. Es sei $\overset{*}{x}$ eine sogenannte partikuläre oder spezielle Lösung des inhomogenen Systems $Ax = b$. Den Vektor $\overset{*}{x}$ erhält man, indem $Ax = b$, $m < n$, aufgelöst wird; die frei zu bestimmenden Variablen werden dabei zum Beispiel mit null angesetzt. Die allgemeine Lösung oder die Menge der Lösungen des homogenen Gleichungssystems $Ax = 0$ werde mit $\hat{x}$ bezeichnet. Dann ist die allgemeine Lösung x des inhomogenen Gleichungssystems

$$x = \overset{*}{x} + \hat{x},$$

denn es ist

$$A(\overset{*}{x} + \hat{x}) = b + 0 = b.$$

5.2 Lösungsverfahren für lineare Gleichungssysteme

5.2.1 Lösung mit Hilfe der inversen Matrix

Ist das Gleichungssystem

$$\begin{aligned} a_{11}x_1 + \cdots + a_{1n}x_n &= b_1 \\ \vdots \qquad\qquad \vdots \qquad &\vdots \\ a_{n1}x_1 + \cdots + a_{nn}x_n &= b_n, \end{aligned}$$

oder als Matrizengleichung

$$Ax = b,$$

gegeben und $r(A) = n$, dann existiert A^{-1} und die Lösung ist

$$x = A^{-1}b.$$

Für die direkte Berechnung der inversen Matrix sind in den Abschn. 4.3.1 und 4.3.4 Verfahren angegeben.

Hat man ein weiteres Gleichungssystem, das sich nur in der rechten Seite, nicht aber in den Koeffizienten a_{ij} vom obigen System unterscheidet, so braucht man A^{-1} nicht neu zu berechnen,

um es zu lösen. Ist die rechte Seite zum Beispiel $c = (c_1, \ldots, c_n)'$, so folgt:
$$x_c = A^{-1} c.$$

5.2.2 Cramer'sche Regel

Gegeben ist das Gleichungssystem
$$a_{11} x_1 + a_{12} x_2 + a_{13} x_3 = b_1$$
$$a_{21} x_1 + a_{22} x_2 + a_{23} x_3 = b_2$$
$$a_{31} x_1 + a_{32} x_2 + a_{33} x_3 = b_3$$

und man nimmt an, es sei lösbar. Man führt nun eine Determinante
$$|A_1| = \begin{vmatrix} b_1 & a_{12} & a_{13} \\ b_2 & a_{22} & a_{23} \\ b_3 & a_{32} & a_{33} \end{vmatrix}$$

ein. Diese wird gebildet, indem man in der ursprünglichen Determinante $|A|$ des Gleichungssystems die erste Spalte durch die rechte Seite ersetzt. In $|A_1|$ ersetzt man nun die erste Spalte durch die linke Seite des Gleichungssystems, also:
$$|A_1| = \begin{vmatrix} a_{11} x_1 + a_{12} x_2 + a_{13} x_3 & a_{12} & a_{13} \\ a_{21} x_1 + a_{22} x_2 + a_{23} x_3 & a_{22} & a_{23} \\ a_{31} x_1 + a_{32} x_2 + a_{33} x_3 & a_{32} & a_{33} \end{vmatrix}.$$

Subtrahiert man in dieser Determinante das x_2-fache der zweiten und das x_3-fache der dritten Spalte von der ersten Spalte, so erhält man
$$|A_1| = \begin{vmatrix} a_{11} x_1 & a_{12} & a_{13} \\ a_{21} x_1 & a_{22} & a_{23} \\ a_{31} x_1 & a_{32} & a_{33} \end{vmatrix}$$
$$= x_1 \begin{vmatrix} a_{11} & a_{12} & a_{13} \\ a_{21} & a_{22} & a_{23} \\ a_{31} & a_{32} & a_{33} \end{vmatrix}$$
$$= x_1 |A|.$$

Substituiert man in der Determinante $|A|$ die zweite, beziehungsweise die dritte Spalte durch die rechte Seite, und bezeichnet die neuen Determinanten mit $|A_2|$, bzw. $|A_3|$, erhält man entsprechend
$$|A_2| = x_2 |A|$$
und
$$|A_3| = x_3 |A|.$$

Ist nun $|A| \neq 0$, so existieren eindeutige Werte für x_i, $i=1,2,3$, nämlich

$$x_1 = \frac{|A_1|}{|A|}; \quad x_2 = \frac{|A_2|}{|A|}; \quad x_3 = \frac{|A_3|}{|A|}.$$

Diese Beziehungen heißen die Cramer'sche Regel.

Betrachtet man ein System mit n Gleichungen und ebensoviel Unbekannten, dann läßt sich ein beliebiges x_i wie folgt angeben:

$$x_i = \frac{1}{|A|} \sum_{j=1}^{n} b_j |A_{ji}| = \frac{|a_1 a_2, \ldots, a_{i-1} b a_{i+1}, \ldots, a_n|}{|A|},$$

$a_1, \ldots, a_n$ sind die Spaltenvektoren und A_{ji} sind die Kofaktoren der Determinante $|A|$.

Beispiel: Gegeben ist

$$\begin{aligned} -x_1 + 2x_2 - 2x_3 &= 1 \\ -2x_1 + x_2 + 2x_3 &= 0 \\ +2x_1 + 2x_2 + x_3 &= 0. \end{aligned}$$

Hier ist

$$|A| = \begin{vmatrix} -1 & 2 & -2 \\ -2 & 1 & 2 \\ 2 & 2 & 1 \end{vmatrix} = \begin{vmatrix} -3 & 3 & 0 \\ -2 & 1 & 2 \\ 2 & 2 & 1 \end{vmatrix} = \begin{vmatrix} -3 & 0 & 0 \\ -2 & -1 & 2 \\ 2 & 4 & 1 \end{vmatrix}$$

$$= -3 \begin{vmatrix} -1 & 2 \\ 4 & 1 \end{vmatrix} = 27.$$

$$x_1 = \frac{\begin{vmatrix} 1 & 2 & -2 \\ 0 & 1 & 2 \\ 0 & 2 & 1 \end{vmatrix}}{27} = -\frac{1}{9}, \quad x_2 = \frac{\begin{vmatrix} -1 & 1 & -2 \\ -2 & 0 & 2 \\ 2 & 0 & 1 \end{vmatrix}}{27} = \frac{2}{9},$$

$$x_3 = \frac{\begin{vmatrix} -1 & 2 & 1 \\ -2 & 1 & 0 \\ 2 & 2 & 0 \end{vmatrix}}{27} = -\frac{2}{9}.$$

5.2.3 Gauss'sche Elimination

Man geht vom Gleichungssystem

(1)
$$\begin{aligned} a_{11}x_1 + a_{12}x_2 + \cdots + a_{1n}x_n &= b_1 \\ a_{21}x_1 + a_{22}x_2 + \cdots + a_{2n}x_n &= b_2 \\ \vdots \quad\quad \vdots \quad\quad\quad \vdots \quad\quad\quad &\vdots \\ a_{n1}x_1 + a_{n2}x_2 + \cdots + a_{nn}x_n &= b_n \end{aligned}$$

aus und versucht mit Hilfe bestimmter Eliminationsverfahren dieses auf die Dreiecksform

(2)
$$\begin{aligned} b_{11}x_1 + b_{12}x_2 + \cdots + b_{1n}x_n &= b_1 \\ b_{22}x_2 + \cdots + b_{2n}x_n &= b_2 \\ &\vdots \\ b_{nn}x_n &= b_n \end{aligned}$$

zu bringen. Hier wird der *Gauss'sche Algorithmus* angegeben: Die Koeffizienten des Systems werden im folgenden Schema

$$A_0: \begin{array}{c|cccc|c} & x_1 & x_2 & \cdots & x_n & 1 \\ \hline & a_{11} & a_{12} & \cdots & a_{1n} & b_1 \\ & a_{21} & a_{22} & \cdots & a_{2n} & b_2 \\ & \vdots & \vdots & & \vdots & \vdots \\ & a_{n1} & a_{n2} & \cdots & a_{nn} & b_n \end{array}$$

zusammengefaßt.

Man multipliziert in einem ersten Rechenschritt in A_0 die erste Zeile, falls $a_{11} \neq 0$, mit $c_{21} = \dfrac{a_{21}}{a_{11}}$ und subtrahiert diese so erweiterte Zeile von der zweiten Zeile. Entsprechend verfährt man mit den übrigen Zeilen in A_0, indem die mit $c_{i1} = \dfrac{a_{i1}}{a_{11}}$ multiplizierte erste Zeile von der i-ten Zeile subtrahiert wird. Man erhält daraus das neue Koeffizientenschema.

$$A_1: \begin{array}{c|cccc|c} & x_1 & x_2 & \cdots & x_n & 1 \\ \hline & a_{11} & a_{12} & \cdots & a_{1n} & b_1 \\ & 0 & a_{22}^{(1)} & \cdots & a_{2n}^{(1)} & b_2^{(1)} \\ & \vdots & \vdots & & \vdots & \vdots \\ & 0 & a_{n2}^{(1)} & \cdots & a_{nn}^{(1)} & b_n^{(1)} \end{array}.$$

Die Koeffizienten werden nach der obigen Idee wie folgt berechnet:

$$a_{ij}^{(1)} = a_{ij} - a_{1j}\frac{a_{i1}}{a_{11}}$$

$$b_i^{(1)} = b_i - b_1\frac{a_{i1}}{a_{11}}.$$

Der Übergang von A_0 zu A_1 entspricht der Elimination der Unbekannten x_1 in (1), so daß das Koeffizientenschema einem System von $(n-1)$ Gleichungen in $(n-1)$ Unbekannten gleichkommt. Ist in (1) der Koeffizient $a_{11}=0$, so muß man vorerst Zeilen umstellen, damit der erste Koeffizient von Null verschieden ist. Man vergleiche diese Methode mit dem Austauschverfahren des Abschn. 4.3.3.

Die Elimination von x_2 kann nun in entsprechender Weise ausgeführt werden. Man hat die zweite Zeile der Reihe nach mit

$$c_{32} = \frac{a_{32}^{(1)}}{a_{22}^{(1)}}, \ldots, c_{n2} = \frac{a_{n2}^{(1)}}{a_{22}^{(1)}}$$

zu multiplizieren und das c_{32}-fache von der dritten Zeile und so fort, bis das c_{n2}-fache von der n-ten Zeile in A_1 zu subtrahieren, es ergibt sich das Koeffizientenschema

$$A_2: \begin{array}{c|ccccc|c} & x_1 & x_2 & x_3 & \ldots & x_n & 1 \\ \hline & a_{11} & a_{12} & a_{13} & \ldots & a_{1n} & b_1 \\ & 0 & a_{22}^{(1)} & a_{23}^{(1)} & \ldots & a_{2n}^{(1)} & b_2^{(1)} \\ & 0 & 0 & a_{33}^{(2)} & \ldots & a_{3n}^{(2)} & b_3^{(2)} \\ & 0 & 0 & a_{43}^{(2)} & \ldots & a_{4n}^{(2)} & b_4^{(2)} \\ & \vdots & \vdots & \vdots & & \vdots & \vdots \\ & 0 & 0 & a_{n3}^{(2)} & \ldots & a_{nn}^{(2)} & b_n^{(2)} \end{array}.$$

Nach $n-1$ derartigen Schritten erhält man das Schema A_{n-1}, aus dem die Dreiecksform gebildet werden kann. Dies ist immer dann möglich, wenn alle Gleichungen in (1) voneinander linear unabhängig sind:

$$\begin{aligned} a_{11}x_1 + a_{12}x_2 + \cdots + a_{1,n-1}x_{n-1} + a_{1n}x_n &= b_1 \\ a_{22}^{(1)}x_2 + \cdots + a_{2,n-1}^{(1)}x_{n-1} + a_{2n}^{(1)}x_n &= b_2^{(1)} \\ &\vdots \\ a_{n-1,n-1}^{(n-2)}x_{n-1} + a_{n-1,n}^{(n-2)}x_n &= b_{n-1}^{(n-2)} \\ a_{nn}^{(n-1)}x_n &= b_n^{(n-1)}. \end{aligned}$$

Dieses neue Gleichungssystem läßt sich sofort auflösen. Aus der letzten Beziehung erhält man einen eindeutigen Wert für x_n; diesen setzt man in der zweitletzten Gleichung ein und bekommt x_{n-1}, usw.

Beispiel: Gegeben sei

$$\begin{aligned} 3x_1 - x_2 + 2x_3 &= 3 \\ x_1 + x_2 - 3x_3 &= 6 \\ x_1 + 2x_2 - x_3 &= 5. \end{aligned}$$

Das erste Schema ist

$$A_0: \begin{array}{c|ccc|c} & x_1 & x_2 & x_3 & 1 \\ \hline & 3 & -1 & 2 & 3 \\ & 1 & 1 & -3 & 6 \\ & 1 & 2 & -1 & 5 \end{array}.$$

Es sind $c_{21} = \frac{1}{3}$ und $c_{31} = \frac{1}{3}$.

Die erste Zeile in A_0 mit c_{21} multipliziert und von der zweiten Zeile subtrahiert, ergibt die zweite Zeile in A_1. Auf die analoge Weise ergibt sich die dritte Zeile in A_1.

$$A_1: \begin{array}{c|ccc|c} & x_1 & x_2 & x_3 & 1 \\ \hline & 3 & -1 & 2 & 3 \\ & 0 & \frac{4}{3} & -\frac{11}{3} & 5 \\ & 0 & \frac{7}{3} & -\frac{5}{3} & 4 \end{array}.$$

Für das nächste Schema benötigt man den Koeffizienten $c_{32} = \frac{7}{4}$. Damit erhält man aus A_1 das Schema

$$A_2: \begin{array}{c|ccc|c} & x_1 & x_2 & x_3 & 1 \\ \hline & 3 & -1 & 2 & 3 \\ & 0 & \frac{4}{3} & -\frac{11}{3} & 5 \\ & 0 & 0 & \frac{57}{12} & -\frac{57}{12} \end{array}.$$

Die Dreiecksform läßt sich nun aus dem Schema A_2 wie folgt aufbauen:

$$3x_1 - x_2 + 2x_3 = 3$$
$$\tfrac{4}{3}x_2 - \tfrac{11}{3}x_3 = 5$$
$$\tfrac{57}{12}x_3 = -\tfrac{57}{12}.$$

Aus der letzten Gleichung folgt $x_3 = -1$; setzt man diesen Wert in der zweiten Gleichung ein, ist $x_2 = 1$ und damit $x_1 = 2$.

Aufgabe: Man bringe die Beispiele in den Abschnitten 5.1.1 und 5.1.2 auf die Dreiecksform!

Wie man vielleicht bereits bemerkt hat, ist die Auflösung großer Gleichungssysteme mit erheblichem Rechenaufwand verbunden, der auch bei Benützung einer Tischrechenmaschine mehrere Stunden oder Arbeitstage betragen kann. In jedem wissenschaftlichen elektronischen Rechenzentrum sind deshalb für die beschriebenen Lösungsverfahren sogenannte Unterprogramme verfügbar. Dies gilt auch für andere standardmäßig verwendete Rechenverfahren wie zum Beispiel die meisten Matrizenoperationen.

5.2.4 Praktische Berechnung des Ranges einer Matrix

Der Rang einer $(m \times n)$-Matrix A läßt sich angeben, indem man diese mit Hilfe des Gauss'schen Algorithmus auf die Dreiecksform bringt und in dieser die Nullzeilen wegstreicht: Die Matrix A des Gleichungssystems im Beispiel von Abschn. 5.1.2 b) ist

$$A = \begin{pmatrix} 1 & 3 & 3 \\ 1 & 4 & 3 \\ 1 & 3 & 4 \\ 0 & 4 & -1 \end{pmatrix},$$

die Dreiecksform ist dann die Matrix

$$B = \begin{pmatrix} 1 & 3 & 3 \\ 0 & 1 & 0 \\ 0 & 0 & 1 \\ 0 & 0 & 0 \end{pmatrix},$$

mit $r(B) = r(A) = 3$.

Aufgaben: 1. Man bestimme den Rang von

$$C = \begin{pmatrix} 5 & -3 & -1 \\ 1 & 1 & 3 \\ 3 & 0 & 3 \end{pmatrix} ; \quad 2. \text{ Beispiel in Abschn. 4.3.3.}$$

2. Man untersuche $r(A)$ der Beispiele der Abschn. 5.1.1 und 5.1.2.

6. Eigenwertprobleme

6.1 Äquivalenz von Matrizen

Man betrachte die folgende Aufgabe: Gegeben sei eine lineare Abbildung $f: V \to W$ vom linearen Raum V mit der Basis $(v_1, \ldots, v_n)$ in den linearen Raum W mit der Basis $(w_1, \ldots, w_m)$. Die Abbildung f werde durch die Matrix $A = (a_{ij})$ dargestellt. Es soll nun untersucht werden, wie sich A verändert, wenn in den beiden Vektorräumen V und W andere Basen gewählt werden, etwa $(u_1, \ldots, u_n)$ in V und $(z_1, \ldots, z_m)$ in W. Wird die Basis $(v_1, \ldots, v_n)$ gegen $(u_1, \ldots, u_n)$ ausgetauscht, so erhalte man

$$(1) \qquad u_j = \sum_{k=1}^{n} c_{kj} v_k, \quad j = 1, \ldots, n,$$

mit der Matrix $C = (c_{kj})$. Der Basiswechsel in W von $(z_1, \ldots, z_m)$ auf $(w_1, \ldots, w_m)$ erbringe

$$(2) \qquad w_i = \sum_{l=1}^{m} f_{li}^* z_l, \quad i = 1, \ldots, m,$$

mit $F^* = (f_{li}^*)$.

Auf Grund von (3) in Abschn. 2.1.3 seien für die ursprünglichen Basen die folgenden Beziehungen gegeben:

$$(3) \qquad f(v_j) = \sum_{i=1}^{m} a_{ij} w_i, \quad j = 1, \ldots, n,$$

und für die neuen Basen:

$$(4) \qquad f(u_j) = \sum_{l=1}^{m} b_{lj} z_l, \quad j = 1, \ldots, n.$$

Aus (3) und (1) folgt

$$f(u_j) = f\left(\sum_{k=1}^{n} c_{kj} v_k\right)$$
$$= \sum_{k=1}^{n} c_{kj} f(v_k)$$
$$= \sum_{k=1}^{n} c_{kj} \left(\sum_{i=1}^{m} a_{ik} w_i\right);$$

mit (2) erhält man

$$f(u_j) = \sum_{k=1}^{n} c_{kj} \sum_{i=1}^{m} a_{ik} \sum_{l=1}^{m} f_{li}^{*} z_l,$$

und aus (4)

$$f(u_j) = \sum_{l=1}^{m} b_{lj} z_l = \sum_{l=1}^{m} \sum_{k=1}^{n} \sum_{i=1}^{m} c_{kj} a_{ik} f_{li}^{*} z_l, \quad j=1,\ldots,n.$$

Für einen beliebigen Koeffizienten b_{lj} ist damit:

$$b_{lj} = \sum_{k=1}^{n} \sum_{i=1}^{m} f_{li}^{*} a_{ik} c_{kj}, \quad j=1,\ldots,n, \quad l=1,\ldots,m.$$

Faßt man die b_{lj} zur Matrix B zusammen, so sind sie die Elemente der Produktmatrix

$$B = F^{*}AC.$$

Die Matrizen F^{*} und C sind quadratische Matrizen, A ist eine $(m \times n)$-Matrix.

Definition: Die $(m \times n)$-Matrizen A und B heißen *äquivalent*, $A \sim B$, wenn zwei reguläre Matrizen C und F^{*} existieren, so daß

$$B = F^{*}AC.$$

Die Matrix B entsteht aus der Äquivalenztransformation, die durch den Basiswechsel in (1) und (2) gegeben ist.

Da der Basiswechsel umkehrbar ist, sind die Matrizen C und F^{*} regulär, in jeder Spalte der beiden Matrizen stehen die Komponenten eines Vektors in bezug auf eine Basis, sie sind also linear unabhängig.

Folgerung: Zwei $(m \times n)$-Matrizen A und B sind dann und nur dann äquivalent, falls sie den gleichen Rang haben.

6.2 Eigenwerte und Eigenvektoren

6.2.1 Polynomwurzeln

Bei der Herleitung des Eigenwertproblems werden einige Aussagen über Polynome benötigt, die im folgenden zusammengestellt werden.

Ein Ausdruck der Form

$$P(x) = a_0 x^n + a_1 x^{n-1} + \cdots + a_{n-1} x + a_n \quad \text{mit} \quad a_0 \neq 0$$

heißt Polynom n-ten Grades. Der *Fundamentalsatz* der Algebra sagt, daß eine Gleichung n-ten Grades

$$P(x) = 0$$

n Lösungen oder Wurzeln w_k, $k = 1, \ldots, n$, besitzt, wobei derselbe Wert w gegebenenfalls mehrfach zu zählen ist. Die Wurzeln können dabei reell oder komplex sein. Das Polynom kann wie folgt zerlegt werden:

$$P(x) = a_0 (x - w_1)(x - w_2) \cdots (x - w_n).$$

Für ökonomische Modelle sind häufig gewisse Eigenschaften der Wurzeln w_k erforderlich; insbesondere soll

1. w_k reell sein, zusätzlich etwa noch
2. $w < 0$ oder $w > 0$, sowie
3. $|w| < 1$.

Bei einem Polynom mit reellen Koeffizienten treten komplexe Wurzeln stets in komplex konjugierten Paaren auf; ein Polynom ungeraden Grades hat deshalb eine reelle Wurzel.

Ohne Beweis wird die *Cartesische Zeichenregel* angegeben:

Satz 1: Die Zahl der positiven Wurzeln eines Polynoms

$$P(x) = a_0 x^n + a_1 x^{n-1} + \cdots + a_{n-1} x + a_n$$

mit reellen Koeffizienten a_k ist gleich der Zahl der Zeichenwechsel minus einer geraden Zahl $0, 2, \ldots$. Ein Zeichenwechsel liegt vor, wenn $\operatorname{sign} a_i \neq \operatorname{sign} a_{i+1}$.

Liegt ein einziger Zeichenwechsel vor, etwa

$$a_0 > 0, \quad a_1 > 0, \ldots, a_i > 0, \quad a_{i+1} < 0, \ldots, a_n < 0,$$

so existiert genau eine positive Wurzel.

Satz 2 (Satz von Kakeya): Die Koeffizienten eines Polynoms $P(x)$ seien reell, positiv und zunehmend,

$$0 < a_0 < a_1 < \cdots < a_n,$$

dann liegen sämtliche Wurzeln von $P(x)=0$ außerhalb des Einheitskreises $|x|\leq 1$.

Beweis: Man betrachte

$$(1-x)P(x) = a_n - [(a_n - a_{n-1})x + (a_{n-1} - a_{n-2})x^2 \\ + \cdots + (a_1 - a_0)x^n + a_0 x^{n+1}].$$

Für die Beträge gilt

$$|(1-x)P(x)| \geq a_n - [(a_n - a_{n-1})|x| + (a_{n-1} - a_{n-2})|x|^2 \\ + \cdots + (a_1 - a_0)|x|^n + a_0 |x|^{n+1}].$$

Das Gleichheitszeichen gilt dann und nur dann, wenn x reell und nicht-negativ ist. Daher ist im Einheitskreis, mit möglicher Ausnahme des Punktes $x=1$

$$|(1-x)P(x)| \geq a_n - [(a_n - a_{n-1}) + (a_{n-1} - a_{n-2}) \\ + \cdots + (a_1 - a_0) + a_0] = 0$$

und somit

$$P(x) \neq 0 \quad \text{für} \quad |x| \leq 1, \quad x \neq 1.$$

Da weiterhin

$$P(1) = a_0 + a_1 + \cdots + a_n > 0,$$

folgt

$$P(x) \neq 0, \quad \text{für alle} \quad |x| \leq 1.$$

Sämtliche Wurzeln liegen also außerhalb des Einheitskreises. □

Der Satz und der Beweis lassen sich direkt auf den Fall

$$0 < a_0 \leq a_1 \ldots \leq a_n, \quad a_0 < a_n$$

verallgemeinern.

Satz 3: Die Koeffizienten eines Polynoms $Q(x)$ seien reell, positiv und abnehmend, dann liegen sämtliche Wurzeln im Innern des Einheitskreises.

Beweis: Man setze $x = \dfrac{1}{z}$ und betrachte

$$z^n Q\left(\frac{1}{z}\right) = P(z).$$

Dann erfüllt

$$P(z) = a_0 + a_1 z + \cdots + a_n z^n$$

die Bedingungen des Theorems von KAKAYA. Aus $|z|>1$ folgt

$$|x| = \left|\frac{1}{z}\right| < 1. \quad \square$$

Ohne Beweis wird der Satz von SCHUR angegeben:

Satz 4: Die Wurzeln eines Polynoms mit reellen Koeffizienten liegen dann und nur dann im Einheitskreis, wenn die folgenden Determinanten für $m=1,\ldots,n$ positiv sind:

$$\left|\begin{array}{cccc|cccc} a_0 & 0 & \ldots & 0 & a_m & a_{m-1} & \ldots & a_1 \\ a_1 & a_0 & & 0 & 0 & a_m & \ldots & a_2 \\ \vdots & \vdots & \ddots & \vdots & \vdots & \vdots & \ddots & \vdots \\ a_{m-1} & a_{m-2} & \ldots & a_0 & 0 & 0 & \ldots & a_m \\ \hline a_m & 0 & \ldots & 0 & a_0 & a_1 & \ldots & a_{m-1} \\ a_{m-1} & a_m & \ldots & 0 & 0 & a_0 & \ldots & a_{m-2} \\ \vdots & \vdots & \ddots & \vdots & \vdots & \vdots & \ddots & \vdots \\ a_1 & a_2 & \ldots & a_m & 0 & 0 & \ldots & a_0 \end{array}\right|.$$

Als letztes sollen noch die *Routh-Hurwitz-Bedingungen* für den Fall $n=4$, mit $a_0 \neq 0$, formuliert werden:

Eine notwendige und hinreichende Bedingung dafür, daß die Realteile der Wurzel eines Polynoms

$$P(x) = a_0 x^4 + a_1 x^3 + \cdots + a_4 = 0$$

negativ sind, ist, daß für die folgenden Determinanten gilt:

$$a_1 > 0, \quad \left|\begin{array}{cc} a_1 & a_3 \\ a_0 & a_2 \end{array}\right| > 0, \quad \left|\begin{array}{ccc} a_1 & a_3 & 0 \\ a_0 & a_2 & a_4 \\ 0 & a_1 & a_3 \end{array}\right| > 0, \quad \left|\begin{array}{cccc} a_1 & a_3 & 0 & 0 \\ a_0 & a_2 & a_4 & 0 \\ 0 & a_1 & a_3 & 0 \\ 0 & a_0 & a_2 & a_4 \end{array}\right| > 0.$$

6.2.2 Ähnliche Matrizen, Eigenwerte und Eigenvektoren

Definition 1: Zwei n-reihige Matrizen A und B heißen *ähnlich*, $A \approx B$, wenn eine reguläre Matrix C existiert, so daß

$$B = C^{-1} A C.$$

Die Matrix A wird durch eine Ähnlichkeitstransformation in die Matrix B übergeführt. Von besonderer Wichtigkeit ist der Fall, wo die Ähnlichkeitstransformation eine Diagonalmatrix ergibt:

(1) $$C^{-1}AC = D = \begin{pmatrix} \lambda_1 & 0 & \cdots & 0 \\ 0 & \lambda_2 & \cdots & 0 \\ \vdots & \vdots & \ddots & \vdots \\ 0 & 0 & \cdots & \lambda_n \end{pmatrix}.$$

Daraus folgt

$$AC = CD.$$

Die j-te Spalte von C werde mit c_j bezeichnet, dann ist also

(2) $$Ac_j = \lambda_j c_j, \quad j = 1, \ldots, n.$$

Die Matrix A kann also dann mit Hilfe der Ähnlichkeitstransformation auf eine Diagonalform gebracht werden, wenn n linear unabhängige Vektoren $c_1, \ldots, c_n$ mit den reellen Zahlen $\lambda_1, \ldots, \lambda_n$ existieren, so daß (2) lösbar ist.

Definition 2: Ein Vektor x heißt *Eigenvektor* von A, wenn $x \neq 0$, und eine Zahl λ, genannt *Eigenwert*, existiert, so daß

(3) $$Ax = \lambda x.$$

Das Problem, eine ähnliche Diagonalmatrix für A zu finden, ist darauf reduziert, Eigenwerte und Eigenvektoren von A zu bestimmen. Ein Vielfaches eines Eigenvektors, zum Beispiel $ax \neq 0$, ist ebenfalls ein Eigenvektor, denn es ist

$$A(ax) = a(Ax) = \lambda(ax).$$

Ein Eigenvektor ist also nur bis auf ein skalares Vielfaches bestimmt.

Die Gleichung (3) läßt sich in

$$Ax = \lambda I x$$

und

(4) $$(A - \lambda I)x = 0$$

umformen. Wählt man ein festes λ, dann muß jedes x, das (3) genügt, auch die n homogenen linearen Gleichungen mit n Unbekannten (4) erfüllen. Eine Lösung $x \neq 0$ für dieses Gleichungssystem existiert dann und nur dann, wenn

(5) $$|A - \lambda I| = 0.$$

Diese Determinante ist ein Polynom in λ. Löst man die Determinante auf, so ergibt sich eine Gleichung der Form

(6) $\quad f(\lambda)=|A-\lambda I|=(-\lambda)^n+b_{n-1}(-\lambda)^{n-1}+\cdots+b_1(-\lambda)+b_0=0$.

Diese Beziehung nennt man die *charakteristische Gleichung* der Matrix A und $f(\lambda)$ das *charakteristische Polynom* von A.

Ein Polynom n-ten Grades hat höchstens n Nullstellen. Es kann also nicht mehr als n verschiedene Werte für λ geben, so daß $|A-\lambda I|=0$ erfüllt ist. Für Werte von λ, die verschieden von den Wurzeln des Polynoms $f(\lambda)$ sind, ist die einzige Lösung $x=0$, für Werte von λ, die gleich einer Wurzel sind, zum Beispiel $\lambda=\lambda_i$, ist die Beziehung (5) erfüllt und es existiert wenigstens ein $x \neq 0$, das der Gleichung (3) genügt. Zu r verschiedenen Eigenwerten λ_i, $i=1,\ldots,r$, existieren also r Eigenvektoren $x_1,\ldots,x_r$.

Satz 1: Die zu paarweise verschiedenen Eigenwerten $\lambda_1,\ldots,\lambda_r$ gehörenden Eigenvektoren $x_1,\ldots,x_r$ sind linear unabhängig.

Beweis: Nimmt man an, die Vektoren $x_1,\ldots,x_r$ seien linear abhängig, dann sind in

(7) $\qquad\qquad\qquad a_1 x_1+\cdots+a_r x_r = 0$

einzelne $a_i \neq 0$, $i=1,\ldots,r$. Wendet man die Transformation $(A-\lambda_i I)$ auf die Vektoren $x_j, j=1,\ldots,r$, an, ergibt sich

$$(A-\lambda_i I)x_j = \begin{cases} 0 & \text{für } i=j \\ (\lambda_j-\lambda_i)x_j & \text{für } i \neq j. \end{cases}$$

Die wiederholte Anwendung der Transformation $(A-\lambda_i I)$, für $i=1,\ldots,r$, $i \neq j$, auf den Vektor x_j führt auf den Ausdruck

$$(\lambda_j-\lambda_1)(\lambda_j-\lambda_2)\cdots(\lambda_j-\lambda_{i-1})(\lambda_j-\lambda_{j+1})\cdots(\lambda_j-\lambda_r)x_j = \prod_{\substack{i=1 \\ i \neq j}}^{r}(\lambda_j-\lambda_i)x_j.$$

Bildet man die entsprechenden Ausdrücke für alle $x_j, j=1,\ldots,r$ und setzt die Produkte in die Beziehung (7) ein, so ist sie dann und nur dann erfüllt, wenn $a_i=0$, da die Klammerausdrücke wegen der paarweise verschiedenen Eigenwerte nicht verschwinden. Die Vektoren $x_1,\ldots,x_r$ sind damit linear unabhängig. □

Satz 2: Sind A und B zwei n-reihige reelle Matrizen, die ähnlich sind, dann sind die charakteristischen Polynome gleich. A und B besitzen dann dieselben Eigenwerte.

Beweis: Ist $B = C^{-1}AC$, dann gilt
$$|B - \lambda I| = |C^{-1}AC - \lambda I|$$
$$= |C^{-1}AC - \lambda C^{-1}IC|$$
$$= |C^{-1}(A - \lambda I)C|$$
$$= |A - \lambda I|. \quad \square$$

Ein allgemeines Polynom
$$f(z) = a_0 z^n + a_1 z^{n-1} + \cdots + a_{n-1} z + a_n$$
läßt sich in die Form
$$f(z) = a_0(z - z_1)(z - z_2) \cdots (z - z_n)$$
zerlegen. Wenn man diese Faktorzerlegung auf das Polynom
$$f(\lambda) = |A - \lambda I| = 0$$
anwendet, so folgt die Faktorzerlegung
$$(8) \qquad f(\lambda) = (\lambda_1 - \lambda)(\lambda_2 - \lambda) \cdots (\lambda_n - \lambda).$$
Vergleicht man nun (6) und (8), so erhält man die Beziehungen zwischen den Koeffizienten und den Wurzeln des Polynoms:
$$b_{n-1} = \lambda_1 + \lambda_2 + \cdots + \lambda_n$$
$$b_{n-2} = \lambda_1 \lambda_2 + \cdots + \lambda_1 \lambda_n + \lambda_2 \lambda_3 + \cdots + \lambda_2 \lambda_n + \cdots + \lambda_{n-1} \lambda_n$$
$$\vdots$$
$$b_0 = \lambda_1 \lambda_2 \lambda_3 \cdots \lambda_n.$$

Beispiele:
1. Für die Matrix
$$A = \begin{pmatrix} 8 & 7 \\ 1 & 2 \end{pmatrix}$$
ist die charakteristische Gleichung
$$|A - \lambda I| = \begin{vmatrix} 8 - \lambda & 7 \\ 1 & 2 - \lambda \end{vmatrix} = \lambda^2 - 10\lambda + 9 = 0;$$
daraus erhält man die Eigenwerte $\lambda_1 = 9$ und $\lambda_2 = 1$.

Die Eigenvektoren lassen sich wie folgt berechnen: Für $\lambda_1 = 9$ erhält man die Beziehungen
$$-x_1 + 7x_2 = 0$$
$$x_1 - 7x_2 = 0$$
und für $\lambda_2 = 1$
$$7x_1 + 7x_2 = 0$$
$$x_1 + x_2 = 0.$$

Die beiden Systeme sind linear abhängig und es folgt daraus für die Eigenvektoren

$$x_1 = \begin{pmatrix} 7 \\ 1 \end{pmatrix} \text{ und } x_2 = \begin{pmatrix} 1 \\ 1 \end{pmatrix}.$$

2. Die Matrix

$$A = \begin{pmatrix} 8 & -9 \\ 1 & 2 \end{pmatrix}$$

hat die charakteristische Gleichung

$$\begin{vmatrix} 8-\lambda & -9 \\ 1 & 2-\lambda \end{vmatrix} = \lambda^2 - 10\lambda + 25 = 0.$$

Es existiert ein mehrfacher Eigenwert, nämlich $\lambda_1 = \lambda_2 = 5$, aber nur ein einziger Eigenvektor, nämlich

$$x_1 = x_2 = \begin{pmatrix} 3 \\ 1 \end{pmatrix},$$

da

$$3x_1 - 9x_2 = 0$$
$$x_1 - 3x_2 = 0.$$

6.2.3 Diagonalisierung symmetrischer Matrizen

Die Eigenwerte einer beliebigen reellen Matrix A brauchen nicht reellwertig zu sein, da die Wurzeln des charakteristischen Polynoms auch komplex sein können. Eine Klasse von Matrizen mit reellen Eigenwerten sind die symmetrischen reellen Matrizen; dies sei im folgenden Satz festgehalten:

Satz 1: Die Eigenwerte einer reellen symmetrischen Matrix A sind reell.

Beweis: Da A eine reelle Matrix ist, hat die charakteristische Gleichung $f(\lambda) = |A - \lambda I|$ konjugiert komplexe Wurzeln. Nimmt man an, λ sei komplex, dann gilt

$$Ax = \lambda x$$

und für den konjugiert komplexen Eigenwert $\bar{\lambda}$

$$A\bar{x} = \bar{\lambda}\bar{x}.$$

Durch geeignete Multiplikation erhält man
$$\bar{x}'Ax = \lambda \bar{x}'x$$
und
$$x'A\bar{x} = \bar{\lambda} x'\bar{x}$$
und mit $A = A'$ folgt
$$\bar{x}'Ax = (x'A\bar{x})' = x'A\bar{x}.$$
Die Subtraktion der beiden Gleichungen ergibt dann
$$0 = (\lambda - \bar{\lambda})(x'\bar{x}),$$
woraus $\lambda = \bar{\lambda}$ folgt, da das Skalarprodukt $x'\bar{x}$ reell und von Null verschieden ist. Denn mit $\lambda = a + ib$ sowie $\bar{\lambda} = a - ib$, muß $ib = 0$ gelten. Der Eigenwert λ ist also reell. □

Satz 2: Sei A eine n-reihige reelle symmetrische Matrix mit den Eigenwerten $\lambda_1, \lambda_2, \ldots, \lambda_n$; x_i und x_j seien die zu λ_i und λ_j gehörenden Eigenvektoren, dann sind für $\lambda_i \neq \lambda_j$ die Vektoren x_i und x_j orthogonal.

Beweis: Aus $Ax_i = \lambda_i x_i$ und $Ax_j = \lambda_j x_j$ folgt $x_j' A x_i = \lambda_i (x_j' x_i)$, $x_i' A x_j = \lambda_j (x_i' x_j)$.

Wegen der Symmetrie von A führt die Subtraktion der beiden Beziehungen auf
$$0 = (\lambda_i - \lambda_j)(x_j' x_i).$$
Da $\lambda_i \neq \lambda_j$ vorausgesetzt ist, muß das Skalarprodukt $x_j' x_i = x_i' x_j = 0$ sein, die Vektoren x_i und x_j sind orthogonal. □

Besitzt eine reelle symmetrische $(n \times n)$-Matrix A n verschiedene Eigenwerte $\lambda_1, \ldots, \lambda_n$ mit den Eigenvektoren $x_1, \ldots, x_n$, und sind die n Vektoren normiert, so daß
$$x_i' x_i = 1, \quad i = 1, \ldots, n,$$
dann ist nach Satz 2
$$X'X = (x_i' x_j) = (\delta_{ij});$$
die Matrix X ist aus den Eigenvektoren als Spalten aufgebaut, nämlich
$$X = (x_1, \ldots, x_n).$$
Die Matrix X ist also orthogonal und $X' = X^{-1}$. Das Produkt
$$X'AX = X^{-1}AX = D$$
bildet eine Diagonalmatrix, da
$$x_i' A x_j = \lambda_j x_i' x_j = \lambda_j \delta_{ij}.$$

Eine symmetrische reelle Matrix läßt sich also, sofern alle Eigenwerte paarweise verschieden sind, mit Hilfe der Ähnlichkeitstransformation $X^{-1}AX$ auf die Diagonalform bringen. Die Matrix $D = X^{-1}AX$ enthält dabei gerade die Eigenwerte, nämlich

$$D = \begin{pmatrix} \lambda_1 & \cdots & 0 \\ \vdots & \ddots & \vdots \\ 0 & \cdots & \lambda_n \end{pmatrix}.$$

Für die Matrix A erhält man wieder

$$A = XDX^{-1},$$

die Matrizen A und D heißen orthogonal ähnlich; man hat gezeigt:

Folgerung: Eine reelle symmetrische $(n \times n)$-Matrix A mit n paarweise verschiedenen Eigenwerten ist orthogonal ähnlich einer Diagonalmatrix

$$A = X^{-1}DX.$$

Beispiel:

$$A = \begin{pmatrix} 2 & 6 \\ 6 & -3 \end{pmatrix};$$

$$\begin{vmatrix} 2-\lambda & 6 \\ 6 & -3-\lambda \end{vmatrix} = \lambda^2 + \lambda - 42 = 0.$$

Die Eigenwerte sind $\lambda_1 = 6$, $\lambda_2 = -7$ und die Eigenvektoren $x'_1 = (3, 2)$, $x'_2 = (-2, 3)$.

Normiert man die Vektoren x_1, x_2, $\|x_1\| = \|x_2\| = 1$, so gehen sie über in

$$v_1 = \frac{1}{\sqrt{13}} x_1 \quad \text{und} \quad v_2 = \frac{1}{\sqrt{13}} x_2.$$

Die Matrix, die aus den beiden Spaltenvektoren v_1 und v_2 aufgebaut wird,

$$X = \frac{1}{\sqrt{13}} \begin{pmatrix} 3 & -2 \\ 2 & 3 \end{pmatrix},$$

ist orthogonal, da

$$X'X = \frac{1}{\sqrt{13}} \begin{pmatrix} 3 & 2 \\ -2 & 3 \end{pmatrix} \cdot \frac{1}{\sqrt{13}} \begin{pmatrix} 3 & -2 \\ 2 & 3 \end{pmatrix} = \begin{pmatrix} 1 & 0 \\ 0 & 1 \end{pmatrix}.$$

Die Diagonalisierung der Matrix A ist folglich:

$$D = X'AX = \frac{1}{\sqrt{13}}\begin{pmatrix} 3 & 2 \\ -2 & 3 \end{pmatrix}\begin{pmatrix} 2 & 6 \\ 6 & -3 \end{pmatrix}\frac{1}{\sqrt{13}}\begin{pmatrix} 3 & -2 \\ 2 & 3 \end{pmatrix}$$

$$= \frac{1}{13}\begin{pmatrix} 78 & 0 \\ 0 & -91 \end{pmatrix} = \begin{pmatrix} 6 & 0 \\ 0 & -7 \end{pmatrix} = \begin{pmatrix} \lambda_1 & 0 \\ 0 & \lambda_2 \end{pmatrix}.$$

6.2.4 Konvergenz von Matrizenreihen

Definition: Eine Folge von Matrizen $A_1, \ldots, A_n, \ldots$, heißt *konvergent*, wenn die Folge elementweise konvergiert.

Die Folge von $(n \times n)$-Matrizen $A_k = (a_{ij}^{(k)})$ heißt also konvergent gegen einen Grenzwert $A = (\alpha_{ij})$

$$\lim_{k \to \infty} A_k = A,$$

wenn sie für alle Elemente $a_{ij}^{(k)}$ konvergiert:

$$\lim_{k \to \infty} a_{ij}^{(k)} = \alpha_{ij}, \quad i, j = 1, \ldots, n.$$

Von besonderer Bedeutung in gewissen wirtschaftswissenschaftlichen Anwendungen sind die Potenzreihen von Matrizen der Art

$$S = I + A + A^2 + A^3 + A^4 + \cdots.$$

Satz: Eine Potenzreihe der $(n \times n)$-Matrix A

$$S = I + A + A^2 + A^3 + \cdots = \sum_{n=0}^{\infty} A^n, \quad A^0 = I,$$

konvergiert dann und nur dann, wenn die entsprechenden Reihen für die Eigenwerte λ_i von A konvergieren:

$$1 + \lambda_i + \lambda_i^2 + \lambda_i^3 + \cdots,$$

für alle $i = 1, 2, \ldots, n$.

Beweis: Der Beweis wird hier nur für den Fall, daß die Matrizen auf Diagonalform transformiert werden können, geführt. Diagonalisiert man die Reihe

$$S = I + A + A^2 + A^3 + \cdots,$$

so erhält man, wenn für $Q^{-1} A^i Q = D^i$ gesetzt wird,

$$Q^{-1} S Q = I + D + D^2 + D^3 + \cdots.$$

Für jede Komponente i der Reihe folgt die Beziehung

$$1 + \lambda_i + \lambda_i^2 + \lambda_i^3 + \cdots,$$

die für $|\lambda_i|<1$ nach $(1-\lambda_i)^{-1}$ konvergiert. Die Potenzreihe der Matrix A konvergiert dann und nur dann, wenn jeder Eigenwert λ_i dem Betrage nach kleiner als eins ist, und es ist

$$Q^{-1}SQ = (I-D)^{-1}.$$

Durch Umformung folgt daraus

$$S^{-1} = Q(I-D)Q^{-1},$$

und durch Einsetzen von $D = Q^{-1}AQ$ ergibt sich unmittelbar

$$S^{-1} = (I-A)$$

und somit

$$I + A + A^2 + A^3 + \cdots = (I-A)^{-1}. \quad \square$$

6.3 Quadratische Formen

6.3.1 Definite quadratische Formen

Eine *quadratische Form* ist ein nichtlinearer Ausdruck der Art

(1)
$$\begin{aligned}Q(x_1,\ldots,x_n) &= \sum_{i=1}^{n}\sum_{j=1}^{n} a_{ij}x_i x_j \\ &= a_{11}x_1 x_1 + a_{12}x_1 x_2 + \cdots + a_{1n}x_1 x_n \\ & + a_{21}x_2 x_1 + a_{22}x_2 x_2 + \cdots + a_{2n}x_2 x_n \\ & \vdots \vdots \vdots \\ & + a_{n1}x_n x_1 + a_{n2}x_n x_2 + \cdots + a_{nn}x_n x_n,\end{aligned}$$

worin a_{ij} und $x_1,\ldots,x_n$ reell sind. Bezeichnet man mit $A=(a_{ij})$ die Matrix der Koeffizienten a_{ij} und mit $x'=(x_1,\ldots,x_n)$ den Vektor der Variablen, so läßt sich der Ausdruck (1) auch in der Form

$$Q(x) = x'Ax$$

schreiben. Ohne Beschränkung der Allgemeinheit kann man annehmen, daß die Matrix A symmetrisch ist. Ist die Bedingung $A = A'$ nicht erfüllt, so läßt sich immer mit Hilfe von $\bar{A} = \frac{1}{2}(A+A')$ eine symmetrische Matrix bilden, Abschn. 2.2.4.

Der Ausdruck $Q(x)$ ist ein Skalar, und es ist von Interesse, aus den Eigenschaften der Matrix A von $Q(x)$ für bestimmte x auf das Vorzeichen von $Q(x)$ schließen zu können.

Definition: Eine quadratische Form $Q(x)$ heißt *positiv definit*, wenn für alle reellen Werte von $x \ne 0$ $Q(x)>0$ gilt, und sie heißt *positiv semidefinit*, wenn für alle reellen Werte von $x \ne 0$ $Q(x) \ge 0$.

Ist $-Q(x)$ positiv definit oder positiv semidefinit, dann heißt $Q(x)$ *negativ definit*, beziehungsweise *negativ semidefinit*.

Ist eine quadratische Form $Q(x)$ für gewisse reelle $x \ne 0$ positiv und für andere x negativ, so heißt sie *indefinit*.

Da jede quadratische Form durch das Produkt $x'Ax$ ausgedrückt wird, überträgt man die Begriffe über die Definitheit von $Q(x)$ auch auf die Matrix A und spricht von definiten oder indefiniten symmetrischen Matrizen.

Im folgenden soll nun gezeigt werden, welche Eigenschaften A erfüllen muß, damit $Q(x)$ positiv, beziehungsweise negativ definit oder semidefinit ist.

Satz 1: A sei eine reelle symmetrische n-reihige Matrix mit den Eigenwerten $\lambda_1, \ldots, \lambda_n$ und $Q(x) = x'Ax$ eine quadratische Form. Es gilt:

1. $Q(x)$ ist dann und nur dann positiv (negativ) definit, wenn alle Eigenwerte $\lambda_1, \ldots, \lambda_n > 0 (<0)$ sind.

2. $Q(x)$ ist dann und nur dann positiv (negativ) semidefinit, wenn alle Eigenwerte $\lambda_1, \ldots, \lambda_n \geq 0 (\leq 0)$ sind.

Beweis: Bringt man eine reelle symmetrische Matrix A mit paarweise verschiedenen Eigenwerten auf die Diagonalform, so existiert eine orthogonale Matrix C mit den Eigenvektoren von A als Spalten, so daß

$$C'AC = D,$$

wobei $D = (\lambda_i \delta_{ij})$ eine Diagonalmatrix mit den Eigenwerten $\lambda_1, \ldots, \lambda_n$ in der Hauptdiagonale ist.

Der Ausdruck

$$x'Ax = x'CC'ACC'x = x'CDC'x, \quad \text{mit} \quad y = C'x \neq 0,$$

ist dann und nur dann positiv (negativ) definit für einen Vektor $y \neq 0$, wenn alle Eigenwerte $\lambda_1, \ldots, \lambda_n$ positiv (negativ) sind. Damit ist auch die quadratische Form $x'Ax$ positiv (negativ) definit. Sind einzelne Eigenwerte $\lambda_i = 0$ und alle übrigen nicht negativ (nicht positiv), dann ist die quadratische Form entsprechend positiv (negativ) semidefinit, denn $Q(x)$ verschwindet auch für Vektoren $y \neq 0$. □

Für den Fall, daß nicht sämtliche Eigenwerte verschieden sind, läßt sich der Beweis erweitern. Besitzen die Eigenwerte $\lambda_1, \ldots, \lambda_n$ verschiedene Vorzeichen, dann ist $Q(x)$ indefinit.

Satz 2: Mit $x'Ax$ ist auch $x'A^{-1}x$ positiv (negativ) definit.

Beweis: Angenommen, die Matrix A sei positiv definit, sie lasse sich durch

$$C^{-1}AC = D$$

auf die Diagonalform bringen und sie werde in

$$CD^{-1}C^{-1} = A^{-1}$$

überführt. Aus der in Abschn. 4.3.1 angegebenen Darstellung der Inversen folgt unmittelbar, daß D^{-1} ebenfalls positiv definit ist; da nach Voraussetzung A positiv definit ist, sind in D die Elemente der Hauptdiagonalen positiv und somit auch diejenigen von D^{-1}. Aus der Orthogonalität von C^{-1} folgt unmittelbar die Behauptung. Ist die Matrix A negativ definit, läßt sich der Beweis entsprechend führen. □

Satz 3: A sei eine $(m \times n)$-Matrix. Die quadratische Form $x'A'Ax$ ist positiv definit, wenn $r(A)=n$, sonst ist sie positiv semidefinit.

Beweis: Das Produkt $A'A$ ist symmetrisch und besitzt reelle Eigenwerte. Bringt man die Matrix A auf die Diagonalform

$$C^{-1}AC = D \quad \text{beziehungsweise} \quad A = CDC^{-1},$$

so ist nach der Folgerung in Abschn. 6.1 $r(C^{-1}AC) = r(CDC^{-1}) = r(A) = r(D)$. Setzt man die Diagonalform in $x'A'Ax$ ein, folgt unmittelbar $D'D > 0$, falls A und somit auch D den vollen Spaltenrang hat, also $r(A) = n$. Ist $r(A) < n$, so ist $|A| = 0 = |D|$. In der Hauptdiagonalen von D treten Nullen auf. □

Beispiele:
1. $Q(x) = 2x_1^2 + 2x_1 x_2 + x_2^2$.
Die zugehörige Matrix ist

$$A = \begin{pmatrix} 2 & 1 \\ 1 & 1 \end{pmatrix}$$

mit den Eigenwerten $\lambda_1 = \lambda_1 = \frac{1}{2}(3 + \sqrt{5}) > 0$ und $\lambda_2 = \frac{1}{2}(3 - \sqrt{5}) > 0$. $Q(x)$ ist also positiv definit.

2. $Q(x) = -3x_1^2 + 4x_1 x_2 - 4x_2^2$

$$A = \begin{pmatrix} -3 & 2 \\ 2 & -4 \end{pmatrix}; \quad \begin{array}{l} \lambda_1 = -\frac{1}{2}(7 - \sqrt{17}) < 0 \\ \lambda_2 = -\frac{1}{2}(7 + \sqrt{17}) < 0 \end{array}.$$

$Q(x)$ ist negativ definit.

3. $Q(x) = 2x_1^2 + 12x_1 x_2 - 3x_2^2$

$$A = \begin{pmatrix} 2 & 6 \\ 6 & -3 \end{pmatrix}; \quad \begin{array}{l} \lambda_1 = 6 > 0 \\ \lambda_2 = -7 < 0 \end{array}.$$

$Q(x)$ ist indefinit.

4. $Q(x) = 8x_1^2 + 8x_1 x_2 + 2x_2^2$

$$A = \begin{pmatrix} 8 & 4 \\ 4 & 2 \end{pmatrix}; \quad \begin{array}{l} \lambda_1 = 10 \\ \lambda_2 = 0 \end{array}.$$

$Q(x)$ ist positiv semidefinit.

Bei großen Matrizen ist die Berechnung der Eigenwerte häufig mit großen Schwierigkeiten verbunden, so daß ein anderes Kriterium für die Definitheit einer quadratischen Form von praktischer Bedeutung sein kann.

Aus der Diagonalform
$$C'AC = D$$
folgt mit $C' = C^{-1}$ und $|C'| = |C^{-1}| = |C|^{-1} = |C| = 1$ die Beziehung
$$|A| = |D|.$$

In der Hauptdiagonale von D stehen die Eigenwerte von A, so daß $|D|$ das Produkt der Diagonalelemente ist. Ist $x'Ax$ positiv definit, so sind alle Eigenwerte $\lambda_1, \ldots, \lambda_n > 0$, somit ist $|D| = |A| > 0$. Hat man eine n-reihige Matrix A, n sei eine gerade natürliche Zahl, und ist $x'Ax$ negativ definit, so ist $\text{sign}\,|A| = (-1)^n = 1$; ist dagegen n ungerade, ist $\text{sign}\,|A| = (-1)^n = -1$. Diese Bedingungen sind offensichtlich notwendig, aber nicht hinreichend.

Setzt man in der quadratischen Form $x'Ax$ im Vektor $x' = (x_1, \ldots, x_n)$ das Element $x_n = 0$, so verschwinden alle Glieder, die mit x_n multipliziert werden, und es bleibt

$$x'_{n-1} A_{n-1} x_{n-1} = \sum_{i=1}^{n-1} \sum_{j=1}^{n-1} a_{ij} x_i x_j,$$

mit $x'_{n-1} = (x_1, \ldots, x_{n-1})$ und der Untermatrix

$$A_{n-1} = \begin{pmatrix} a_{11} & \cdots & a_{1,n-1} \\ \vdots & & \vdots \\ a_{n-1,1} & \cdots & a_{n-1,n-1} \end{pmatrix},$$

die aus A durch Wegstreichen der n-ten Zeile und Spalte entsteht. Dieser Ausdruck ist ebenfalls eine quadratische Form. Die Determinante $|A_{n-1}|$ wird als Hauptminor oder Hauptunterdeterminante $(n-1)$ter Ordnung von $|A|$ bezeichnet. Sind alle Eigenwerte von A_{n-1} positiv für $x_{n-1} > 0$, beziehungsweise $x \neq 0$ mit $x_n = 0$, so ist $x'_{n-1} A_{n-1} x_{n-1}$ und somit $x'Ax = Q(x)$ positiv definit. Für positiv definites $Q(x)$ ist neben $|A| > 0$ auch $|A_{n-1}| > 0$. Ist $Q(x)$ negativ definit, so sind wiederum zwei Fälle zu betrachten: Für

- n gerade, so ist $|A| > 0$, $|A_{n-1}| < 0$,
- n ungerade, so ist $|A| < 0$, $|A_{n-1}| > 0$.

Man kann nun im Vektor x weitere Elemente null setzen, zum Beispiel $x_{n-2}, x_{n-3}, \ldots$, und betrachtet wiederum die Hauptminoren $A_{n-2}, A_{n-3}, \ldots$ Ist $Q(x)$ positiv definit, so sind sämtliche Hauptminoren $|A_i|$ und $|A|$ positiv

$$|A_1| > 0, \quad |A_2| > 0, \ldots, \quad |A_{n-1}| > 0, \quad |A| > 0$$

oder

$$a_{11}>0, \quad \begin{vmatrix} a_{11} & a_{12} \\ a_{21} & a_{22} \end{vmatrix} >0,\ldots, \quad \begin{vmatrix} a_{11} & \ldots & a_{1n} \\ \vdots & & \vdots \\ a_{n1} & \ldots & a_{nn} \end{vmatrix} >0.$$

Für eine negativ definite quadratische Form $Q(x)$ ist entsprechend

$$\text{sign}|A_1|=-1, \quad \text{sign}|A_2|=1, \quad \text{sign}|A_3|=-1,\ldots, \quad \text{sign}|A_k|=(-1)^k$$

oder

$$a_{11}<0, \quad \begin{vmatrix} a_{11} & a_{21} \\ a_{21} & a_{22} \end{vmatrix} >0,\ldots, \quad |A| \begin{cases} >0, & \text{für } n \text{ gerade} \\ <0, & \text{für } n \text{ ungerade}. \end{cases}$$

Diese notwendigen und hinreichenden Bedingungen für die Definitheit von $Q(x)=x'Ax$ seien im folgenden Satz ausgedrückt:

Satz 4: Eine quadratische Form $Q(x)$ ist dann und nur dann positiv definit, wenn alle Hauptminoren von $|A|$ und $|A|$ selbst positiv sind; sie ist dann und nur dann negativ definit, wenn für Hauptminoren k-ter Ordnung und $|A|$ gilt:

$$\text{sign}|A_k|=(-1)^k \quad \text{und} \quad \text{sign}|A|=(-1)^n.$$

Beispiele: Gegeben seien die quadratischen Formen der Beispiele 1. bis 4. Man untersuche sie mit Hilfe der Hauptminoren!

1. $|A| = \begin{vmatrix} 2 & 1 \\ 1 & 1 \end{vmatrix} = 1 > 0,$

    $a_{11} = 2 > 0.$

2. $|A| = \begin{vmatrix} -3 & 2 \\ 2 & -4 \end{vmatrix} = 8 > 0,$

    $a_{11} = -3 < 0.$

3. $|A| = \begin{vmatrix} 2 & 6 \\ 6 & -3 \end{vmatrix} = -42 < 0,$

    $a_{11} = 2 > 0.$

4. $|A| = \begin{vmatrix} 8 & 4 \\ 4 & 2 \end{vmatrix} = 0,$

    $a_{11} = 8 > 0.$

6.3.2 Quadratische Formen mit Nebenbedingungen[1]

Bei der Untersuchung von Extremalproblemen mit Nebenbedingungen besitzen quadratische Formen, die einem System von homogenen Gleichungen genügen, eine fundamentale Bedeutung. Es sei

(1) $$Q(x) = x'Ax$$

eine quadratische Form, in der x beschränkt ist durch

(2) $$Bx = 0;$$

A ist eine reelle n-reihige symmetrische Matrix, B eine reelle $(m \times n)$-Matrix mit $m < n$ und x ein n-Vektor.

Betrachtet man für gegebene Werte von $x \neq 0$ das inhomogene System $Bx = b$, dann ist

$$x'B'Bx = b'b \geq 0;$$

das Skalarprodukt verschwindet nur dann, wenn Werte für $x \neq 0$ von (1) die Restriktion (2) erfüllen. Eine wichtige Aussage über das Problem (1) und (2) enthält der *Satz von* FINSLER (ohne Beweis):

Satz 1: Ist $Q(x) = x'Ax$ positiv (negativ) definit, mit $x'B'Bx = 0$, wobei $x'B'Bx$ positiv semidefinit sei, dann existiert ein Skalar $\mu > 0$ $(\mu < 0)$, so daß

(3) $$P(x) = x'Ax + \mu x'B'Bx = x'(A + \mu B'B)x > 0$$

positiv (negativ) definit ist.

Ist die quadratische Form $P(x)$ positiv definit, so ist dies eine notwendige und hinreichende Bedingung für $Q(x) = x'Ax > 0$ mit der gleichzeitigen Erfüllung der Bedingung $Bx = 0$ für Werte von $x \neq 0$ und genügend großem μ.

Für den Beweis von weiteren Eigenschaften des Problems (1) und (2) benötigt man den

Hilfssatz: Die Determinante $|A + \mu B'B|$ ist ein Polynom in μ mit der höchsten Ordnung

$$(-1) \begin{vmatrix} 0 & B \\ B' & A \end{vmatrix} \mu^m.$$

Beweis: Die Determinante $|A + \mu B'B|$ läßt sich durch Rändern auf die Form

$$|R| = \begin{vmatrix} -I & 0 \\ \mu B & A + \mu B'B \end{vmatrix}$$

---

[1] DEBREU, G.: Definite and Semidefinite Quadratic Forms. Econometrica **20**, 295–300 (1952).

bringen; es ist aber auch

$$|R| = \begin{vmatrix} -I & B \\ \mu B' & A \end{vmatrix} \begin{vmatrix} I & B \\ 0 & I \end{vmatrix}.$$

Betrachtet man die Determinante $|R|$ und entwickelt sie nach der ersten Zeile, so erhält man

$$|R| = (-1) \begin{vmatrix} -I & 0 \\ \mu B'_{m-1} & A + \mu B' B \end{vmatrix},$$

wobei B'_{m-1} aus B' entsteht, indem die erste Spalte gestrichen wird. Entwickelt man auch nach den verbliebenen $(m-1)$-sten Zeilen, so folgt

$$|R| = (-1)^m |A + \mu B' B|.$$

Das Vorzeichen von $|R|$ ist also gegeben durch $(-1)^m$, wobei m die Anzahl der Nebenbedingungen in (2) ist. Es gilt für

$$\begin{vmatrix} -I & B \\ \mu B' & A \end{vmatrix} = \mu^m \begin{vmatrix} \left(-\frac{1}{\mu}\right)I & B \\ B' & A \end{vmatrix}.$$

Für genügend großes μ ist das Vorzeichen dasselbe wie dasjenige der Determinante

$$\begin{vmatrix} 0 & B \\ B' & A \end{vmatrix}. \quad \square$$

Satz 2: Gegeben sei die quadratische Form $Q(x) = x' A x$ mit den Nebenbedingungen $Bx = 0$. Unter der Voraussetzung von $|B| \neq 0$ ist $x' A x$ dann und nur dann positiv definit, wenn

$$(-1)^m \begin{vmatrix} 0 & B_{n-i} \\ B'_{n-i} & A_{n-i} \end{vmatrix} > 0, \quad i = m+1, \ldots, n,$$

wobei B'_{n-i} beziehungsweise B_{n-i} aus B' und B durch Streichen der i letzten Zeilen beziehungsweise Spalten gebildet wird und A_{n-i} die entsprechende Hauptunterdeterminante ist.

Beweis: Nach dem Finsler-Theorem ist für jedes genügend große $\mu > 0$ die Determinante $|A + \mu B' B| > 0$ und mit dem Hilfssatz ist

$$(-1)^m \begin{vmatrix} 0 & B \\ B' & A \end{vmatrix} > 0.$$

Setzt man im Vektor x das Element $x_n = 0$, dann muß auch $x'_{n-1} A_{n-1} x_{n-1}$ unter der Nebenbedingung $B_{n-1} x_{n-1} = 0$ positiv definit sein, also

$$(-1)^m \begin{vmatrix} 0 & B_{n-1} \\ B'_{n-1} & A_{n-1} \end{vmatrix} > 0.$$

Für einen beliebigen Index i folgt unmittelbar

$$(-1)^m \begin{vmatrix} 0 & B_{n-i} \\ B'_{n-i} & A_{n-i} \end{vmatrix} > 0, \quad i = m+1, \ldots, n. \quad \square$$

Satz 3: Die quadratische Form $Q(x) = x'Ax$ mit $Bx = 0$, ist dann und nur dann negativ definit, wenn

$$(-1)^i \begin{vmatrix} 0 & B_{n-i} \\ B'_{n-i} & A_{n-i} \end{vmatrix} > 0, \quad i = m+1, \ldots, n,$$

wobei $|B| \neq 0$ und die Bezeichnungen wie im Satz 2 gewählt sind.

Beweis: Aus dem Satz 4 in Abschn. 6.3.1 und mit dem Hilfssatz erhält man

$$(-1)^{m+n} \begin{vmatrix} 0 & B \\ B' & A \end{vmatrix} > 0$$

und für Indices i

$$(-1)^{m+n-i} \begin{vmatrix} 0 & B_{n-i} \\ B'_{n-i} & A_{n-i} \end{vmatrix} > 0, \quad i = m+1, \ldots, n$$

oder auch

$$(-1)^i \begin{vmatrix} 0 & B_{n-i} \\ B'_{n-i} & A_{n-i} \end{vmatrix} > 0, \quad i = m+1, \ldots, n. \quad \square$$

6.4 Nichtnegative Matrizen

6.4.1 Unzerlegbare Matrizen

In verschiedenen ökonomischen Anwendungen, Abschn. 8, treten reelle Matrizen mit nichtnegativen Elementen und von besonderer Struktur auf.

Definition 1: Eine quadratische Matrix A heißt *zerlegbar*, wenn sie durch eine gleiche Permutation ihrer Zeilen und Spalten in eine Form

$$A = \begin{pmatrix} A_{11} & A_{12} \\ 0 & A_{22} \end{pmatrix}$$

übergeführt werden kann; A_{11}, A_{12} sind dabei quadratische Untermatrizen, die nicht notwendig dieselbe Ordnung haben müssen. A_{12} ist eine Untermatrix entsprechender Ordnung und 0 die passende Nullmatrix.

Existiert für A keine geeignete Permutation, um sie in eine obige Zerlegung überzuführen, dann nennt man A *nichtzerlegbar* oder *unzerlegbar*.

Ist auch $A_{12}=0$, so heißt A *vollständig zerlegbar*.

Beispiel: Gegeben sei eine Matrix

$$A = \begin{pmatrix} a_{11} & a_{12} & a_{13} & a_{14} \\ 0 & a_{22} & 0 & 0 \\ a_{31} & a_{32} & a_{33} & a_{34} \\ 0 & a_{42} & 0 & a_{44} \end{pmatrix}.$$

Die Permutation $P^{-1}AP$ sei

$$\begin{pmatrix} 0 & 0 & 1 & 0 \\ 0 & 0 & 0 & 1 \\ 1 & 0 & 0 & 0 \\ 0 & 1 & 0 & 0 \end{pmatrix} \begin{pmatrix} a_{11} & a_{12} & a_{13} & a_{14} \\ 0 & a_{22} & 0 & 0 \\ a_{31} & a_{32} & a_{33} & a_{34} \\ 0 & a_{42} & 0 & a_{44} \end{pmatrix} \begin{pmatrix} 0 & 0 & 1 & 0 \\ 0 & 0 & 0 & 1 \\ 1 & 0 & 0 & 0 \\ 0 & 1 & 0 & 0 \end{pmatrix}$$

$$= \left(\begin{array}{ccc|c} a_{33} & a_{34} & a_{31} & a_{32} \\ 0 & a_{44} & 0 & a_{42} \\ a_{13} & a_{14} & a_{11} & a_{12} \\ \hline 0 & 0 & 0 & a_{22} \end{array}\right) = \begin{pmatrix} A_{11} & A_{12} \\ 0 & A_{22} \end{pmatrix}.$$

Die Untermatrix A_{11} ist noch weiter zerlegbar, nämlich mit

$$\begin{pmatrix} 1 & 0 & 0 \\ 0 & 0 & 1 \\ 0 & 1 & 0 \end{pmatrix} \begin{pmatrix} a_{33} & a_{34} & a_{31} \\ 0 & a_{44} & 0 \\ a_{13} & a_{14} & a_{11} \end{pmatrix} \begin{pmatrix} 1 & 0 & 0 \\ 0 & 0 & 1 \\ 0 & 1 & 0 \end{pmatrix} = \left(\begin{array}{cc|c} a_{33} & a_{31} & a_{34} \\ a_{13} & a_{11} & a_{14} \\ \hline 0 & 0 & a_{44} \end{array}\right).$$

Führt man beide Permutationen hintereinander aus, erhält man:

$$\begin{pmatrix} 1 & 0 & 0 & 0 \\ 0 & 0 & 1 & 0 \\ 0 & 1 & 0 & 0 \\ 0 & 0 & 0 & 1 \end{pmatrix} \begin{pmatrix} 0 & 0 & 1 & 0 \\ 0 & 0 & 0 & 1 \\ 1 & 0 & 0 & 0 \\ 0 & 1 & 0 & 0 \end{pmatrix} \begin{pmatrix} a_{11} & a_{12} & a_{13} & a_{14} \\ 0 & a_{22} & 0 & 0 \\ a_{31} & a_{32} & a_{33} & a_{34} \\ 0 & a_{42} & 0 & a_{44} \end{pmatrix} \begin{pmatrix} 0 & 0 & 1 & 0 \\ 0 & 0 & 0 & 1 \\ 1 & 0 & 0 & 0 \\ 0 & 1 & 0 & 0 \end{pmatrix} \begin{pmatrix} 1 & 0 & 0 & 0 \\ 0 & 0 & 1 & 0 \\ 0 & 1 & 0 & 0 \\ 0 & 0 & 0 & 1 \end{pmatrix}$$

$$= \begin{pmatrix} 0 & 0 & 1 & 0 \\ 1 & 0 & 0 & 0 \\ 0 & 0 & 0 & 1 \\ 0 & 1 & 0 & 0 \end{pmatrix} \begin{pmatrix} a_{11} & a_{12} & a_{13} & a_{14} \\ 0 & a_{22} & 0 & 0 \\ a_{31} & a_{32} & a_{33} & a_{34} \\ 0 & a_{42} & 0 & a_{44} \end{pmatrix} \begin{pmatrix} 0 & 1 & 0 & 0 \\ 0 & 0 & 0 & 1 \\ 1 & 0 & 0 & 0 \\ 0 & 0 & 1 & 0 \end{pmatrix} = \left(\begin{array}{cc|cc} a_{33} & a_{31} & a_{34} & a_{32} \\ a_{13} & a_{11} & a_{14} & a_{12} \\ \hline 0 & 0 & a_{44} & a_{42} \\ 0 & 0 & 0 & a_{22} \end{array}\right).$$

In der Diagonale stehen nichtzerlegbare Untermatrizen und unter ihnen lauter Nullen.

Die praktische Bedeutung der Zerlegbarkeit kann aus dem Gleichungssystem $Ax = \lambda x$ ersehen werden. A sei in der folgenden Weise zerlegbar:

$$A = \begin{pmatrix} A_{11} & A_{12} \\ 0 & A_{22} \end{pmatrix}, \quad \text{mit } \begin{array}{l} A_{11}: (k \times k)\text{-Matrix} \\ A_{22}: ((n-k) \times (n-k))\text{-Matrix} \\ A_{12}: (k \times (n-k))\text{-Matrix.} \end{array}$$

Der Vektor x werde unterteilt in $x'_1 = (x_1, \ldots, x_k)$ und $x'_2 = (x_{k+1}, \ldots, x_n)$. Es ist also

$$Ax = \lambda x,$$

$$\begin{pmatrix} A_{11} & A_{12} \\ 0 & A_{22} \end{pmatrix} \begin{pmatrix} x_1 \\ x_2 \end{pmatrix} = \lambda \begin{pmatrix} x_1 \\ x_2 \end{pmatrix}$$

oder

$$A_{11} x_1 + A_{12} x_2 = \lambda x_1$$
$$A_{12} x_2 = \lambda x_2.$$

Das Teilsystem $A_{22} x_2 = \lambda x_2$ kann unabhängig vom übrigen System gelöst werden, für eine gegebene Lösung x_2 kann eine Lösung für x_1 ermittelt werden; x_1 ist von x_2 abhängig, nicht aber umgekehrt. Wäre A vollständig zerlegbar, $A_{12} = 0$, so wären beide Teilvektoren x_1 und x_2 voneinander unabhängig. Die Systeme $A_{11} x_1 = \lambda x_1$ und $A_{22} x_2 \neq \lambda x_2$ können vollständig getrennt gelöst werden.

6.4.2 Eigenschaften nichtnegativer Matrizen

In den folgenden Sätzen sind wichtige Eigenschaften reeller nichtnegativer quadratischer Matrizen zusammengefaßt, wobei auf die Beweise verzichtet wird[1]. Im folgenden sei der Ausdruck nichtnegativ gleichbedeutend mit reell und nichtnegativ.

Für die nichtnegative, quadratische Matrix $A \geq 0$ gelten die folgenden Aussagen von

Satz 1: Für die nichtnegative $(n \times n)$-Matrix $A \geq 0$ gibt es einen Eigenwert λ und einen zugehörigen Eigenvektor x, so daß

(1a) λ reell und nichtnegativ und dem Betrage nach stets größer oder gleich demjenigen jedes anderen Eigenwertes von A, für die Ungleichung $Ay \geq \mu y$ mit reellen $\mu \geq 0$, $y \geq 0$, ist dann $\lambda \geq \mu$;

---

[1] Man vergleiche dazu: NIKAIDO, H.: Introduction to Sets and Mappings in Modern Economics. Amsterdam, London 1970, p. 118 ff.; – GANTMACHER, F. R.: Matrizenrechnung Teil II. Berlin 1966, S. 46 ff.

(1b) zum Eigenwert λ ein nichtnegativer Eigenvektor x, $x \geq 0$, existiert;

(1c) für Matrizen $A \geq B \geq 0$ mit den größten Eigenwerten λ beziehungsweise μ, $\lambda \geq \mu$ gilt;

(1d) für jeden reellen Parameter $\rho > \lambda$ die Matrix $(\rho I - A)$ nichtsingulär und $(\rho I - A)^{-1} \geq 0$ ist.

Der maximale Eigenwert λ wird auch als Frobeniuswurzel bezeichnet.

Besitzt die Matrix $A = 0$ wenigstens zwei Reihen und ist zusätzlich unzerlegbar, so lassen sich die Eigenschaften des Satzes 1 verschärfen:

Satz 2 (Satz von Frobenius): Für eine unzerlegbare nichtnegative Matrix $A \geq 0$ gilt:

(2a) Die Frobeniuswurzel λ ist stets reell und positiv, $\lambda > 0$ und größer oder gleich dem Betrag aller anderen Eigenwerte. Für das nichtnegative Eigenwertproblem $A y = \mu y$, $\mu \geq 0$, $y \geq 0$ existiert als einzige Lösung $\mu = \lambda$.

(2b) Zum Eigenwert λ existiert ein positiver Eigenvektor x, $x > 0$, der bis auf ein Vielfaches eindeutig bestimmt ist.

(2c) Sind die Matrizen A oder B oder beide unzerlegbar und haben die Frobeniuswurzel λ, beziehungsweise μ, so ist für $A \geq B \geq 0$, $\lambda > \mu$.

(2d) Ist ρ reell und $\rho > \lambda$, so ist $(\rho I - A)^{-1} > 0$.

(2e) λ ist eine einfache Wurzel der charakteristischen Gleichung von A.

Nach (2c) ist für Matrizen $A \geq B$ die Frobeniuswurzel monoton steigend, wird in einer Matrix A ein Koeffizient vergrößert, so wächst die Frobeniuswurzel.

Für eine streng positive nichtzerlegbare Matrix A gilt der

Satz 3 (Satz von Perron): Ist $A > 0$, dann ist

(3a) λ stets positiv und immer größer als der Betrag aller anderen Eigenwerte;

(3b) Zum Eigenwert λ existiert ein positiver Eigenvektor $x > 0$.

Für nichtnegative Matrizen $A \geq 0$ sind im folgenden Satz noch einige weitere Eigenschaften zusammengestellt:

Satz 4: Für nichtnegative Matrizen $A \geq 0$ gelten:
(4a) Die Frobeniuswurzel von A und A' ist λ.
(4b) Die Frobeniuswurzel von αA ist $\alpha \lambda$.
(4c) Für A^k, $k > 0$ und ganzzahlig, ist die Frobeniuswurzel λ^k.
(4d) Wenn $\lambda^k = 0$, dann und nur dann, wenn $A^k = 0$ für $k > 0$.
(4e) Für jede Hauptuntermatrix A_i von A ist die Frobeniuswurzel nicht größer als diejenige von A, $\lambda_i \leq \lambda$.

Bei besonderen Matrizen können gewisse Voraussetzungen an die Größe der Summe von Zeilen, oder eventuell auch von Spalten, einer Matrix gestellt werden.

Als ein Beispiel sei die stochastische Matrix erwähnt. Diese ist eine semipositive Matrix $P = (p_{ij}) \geq 0$, bei der $\sum_{j=1}^{n} p_{ij} = 1$, $i = 1, \ldots, n$, die Summe der Elemente jeder Zeile ergibt also eins. Der Zusammenhang zwischen den Summen der Zeilen und Spalten einer $(n \times n)$-Matrix $A \geq 0$ und der Frobeniuswurzel wird im folgenden Satz ausgedrückt:

Satz 5: Es sei $A \geq 0$ sowie $s_j = \sum_{i=1}^{n} a_{ij}$ die Summe der Elemente der j-ten Spalten und $r_i = \sum_{j=1}^{n} a_{ij}$ die Summe der Elemente der i-ten Zeile, so gilt für die Frobeniuswurzel λ:

(5a) $\min_{1 \leq j \leq n} s_j \leq \lambda \leq \max_{1 \leq j \leq n} s_j$,

(5b) $\min_{1 \leq i \leq n} r_i \leq \lambda \leq \max_{1 \leq i \leq n} r_i$.

Ist die Matrix $A \geq 0$ unzerlegbar, dann gilt:

(5c) $\min_{1 \leq j \leq n} s_j < \lambda < \max_{1 \leq j \leq n} s_j$

mit der Ausnahme von $\min_{1 \leq j \leq n} s_j = \max_{1 \leq j \leq n} s_j$,

(5d) $\min_{1 \leq i \leq n} r_i < \lambda < \max_{1 \leq i \leq n} r_i$

mit der Ausnahme von $\min_{1 \leq i \leq n} r_i = \max_{1 \leq i \leq n} r_i$.

Für Matrizen mit Zeilen- beziehungsweise Spaltensummen, die kleiner als eins sind, liegt also die Frobeniuswurzel im Einheitskreis. Die stochastischen Matrizen sind eine besondere Form nichtnegativer Matrizen und die Sätze 1 bis 5 lassen sich auf sie anwenden. Insbesondere gilt für die Frobeniuswurzel $\lambda = 1$.

6.5 Matrizen mit dominanten Hauptdiagonalen[1]

Eine $(n \times n)$-Matrix $B = (b_{ij})$ hat eine *dominante Hauptdiagonale*, wenn in ihr die Beziehung

$$|b_{jj}| > \sum_{i \neq j} |b_{ij}| \quad \text{für } j = 1, \ldots, n$$

---

[1] MCKENZIE, L.: Matrices with Dominant Diagonals and Economic Theory. In: Arrow, Karlin, Suppes, p. 47–60.

erfüllt ist. Eine so geartete Matrix B wird als *Hadamard-Matrix* bezeichnet. Manchmal wird dieser Ausdruck auf Matrizen mit $b_{jj} > 0$, für alle j, beschränkt. Eine etwas allgemeinere Formulierung erhält man, wenn man eine Diagonalmatrix

$$D = \begin{pmatrix} d_1 & & 0 \\ & \ddots & \\ 0 & & d_n \end{pmatrix}, \quad \text{mit } d_j > 0, \quad j = 1, \ldots, n,$$

einführt und eine n-reihige Matrix A betrachtet, so daß DA eine dominante Diagonale besitzt.

Definition: Eine $(n \times n)$-Matrix $A = (a_{ij})$ besitzt eine dominante Diagonale, wenn Zahlen $d_j > 0$, $j = 1, \ldots, n$, existieren, so daß $d_j |a_{jj}| > \sum_{i \neq j} d_i |a_{ij}|$, $j = 1, \ldots, n$, gilt.

Die gewichteten Beträge der Diagonalelemente sind größer als die Summe der gewichteten absoluten Beträge der andern Spaltenelemente. Diese Eigenschaft kann man als *Spaltendominanz* bezeichnen. Stellt man ihr die *Zeilendominanz* gegenüber, so wird diese durch

$$|a_{ii}| d_i > \sum_{j \neq i} |a_{ij}| d_j, \quad i = 1, \ldots, n,$$

ausgedrückt. Die Matrix A' besitzt offensichtlich dann Zeilendominanz, wenn A spaltendominant ist.

Eine fundamentale Eigenschaft wird durch den *Satz von* HADAMARD ausgedrückt:

Satz 1: Besitzt die $(n \times n)$-Matrix A eine dominante Diagonale, dann ist sie regulär.

Beweis: Man betrachtet $B = DA$. Da mit B auch B', bzw. DA und $A'D$, regulär ist, ist es deshalb unwesentlich, ob man eine Matrix nach Spalten- oder Zeilendominanz untersucht. Man beweist nun, daß das Gegenteil nicht wahr sein kann. Angenommen, B sei singulär, dann hat $q'B = 0$ eine nichtverschwindende Lösung für q, also $q \neq 0$. Das Gleichungssystem $q'B = 0$ läßt sich wie folgt schreiben: $-q_j b_{jj} = \sum_{i \neq j} q_i b_{ij}$. Also ist $|q_i| |b_{ij}| \geq q_i b_{ij}$ und für jede Gleichung von $q'B = 0$

$$|q_j| |b_{jj}| = 0 \leq \sum_i |q_i| |b_{ij}|, \quad j = 1, \ldots, n.$$

Daraus ergibt sich für die Spaltendominanz

$$|q_j| |b_{jj}| = \left| \sum_{i \neq j} q_i b_{ij} \right| \leq \sum_{i \neq j} |q_i| |b_{ij}|, \quad j = 1, \ldots, n.$$

Unter den $|q_j|, j=1,\ldots,n$, sei $|q_k|$ das maximale Element, $|q_j|<|q_k|$ für alle $j \neq k$, dann ist auch

$$|q_k||b_{kk}| \leq \sum_{i \neq k} |q_k||b_{ik}|;$$

und wegen der Voraussetzung $|q_k| \neq 0$, ist

$$|b_{kk}| \leq \sum_{i \neq k} |b_{ik}|;$$

und damit folgt der Widerspruch zur Annahme, daß B eine Hadamard-Matrix ist. Der Widerspruch löst sich nur dann, wenn $|q_k|=0$, und also B regulär ist, $|B| \neq 0$. □

Nach Voraussetzung ist auch $D \neq 0$, so daß

$$|B|=|D||A| \neq 0;$$

es ist somit auch $|A| \neq 0$, die Matrix A ist ebenfalls regulär. Man benutzt nun diese Eigenschaft von A, um ihre Eigenwerte λ zu untersuchen.

Satz 2: Besitzt A eine dominante negative Diagonale, dann haben alle Eigenwerte λ von A negative Realteile $\operatorname{Re}(\lambda)$.

Beweis: Angenommen, es existiere für die Hadamard-Matrix $B=DA$ ein Eigenwert λ mit einem Realteil $\operatorname{Re}(\lambda) \geq 0$, dann ist wegen $b_{jj}<0$

$$|b_{jj}-\lambda| \geq |b_{jj}|, \quad j=1,\ldots,n,$$

somit ist auch die Matrix $(B-\lambda I)$ eine Hadamard-Matrix und sie ist nach Satz 1 regulär, $|B-\lambda I| \neq 0$. Ist λ ein Eigenwert, so muß die charakteristische Gleichung $|A-\lambda I|=0$ erfüllt sein. Für $\operatorname{Re}(\lambda) \geq 0$ ist diese Bedingung offensichtlich verletzt; die Eigenwerte von B und somit auch von A müssen also negative Realteile haben. □

Für Matrizen mit nichtnegativen Elementen außerhalb der Hauptdiagonale sei ohne Beweis der folgende Satz angegeben:

Satz 3: Ist $A=(a_{ij})$ eine quadratische Matrix mit $a_{ij} \geq 0$ für $i \neq j$, so haben alle Eigenwerte von A dann und nur dann negative Realteile, wenn A eine dominante negative Diagonale hat.

Satz 4: In einer Matrix A mit Spaltendominanz ist der Betrag keines Eigenwertes, $|\lambda|$, größer als die größte Summe der absoluten Beträge der Spaltenelemente, $\max_j \left\{ \sum_{i=1}^{n} |a_{ij}| \right\}$. Für die Zeilendominanz in A übersteigt entsprechend der Betrag jedes Eigenwertes von A das $\max_i \left\{ \sum_{j=1}^{n} |a_{ij}| \right\}$ nicht.

Beweis: Nimmt man an, es sei $|\lambda| > \max_j \left\{ \sum_{i=1}^n |a_{ij}| \right\}$, dann gilt $|\lambda| > |a_{ij}|$ und

$$|a_{jj} - \lambda| \geq |\lambda| - |a_{jj}|, \quad j = 1, \ldots, n,$$
$$> \sum_{i=1}^n |a_{ij}| - |a_{jj}|$$
$$> \sum_{i \neq j} |a_{ij}|.$$

$(A - \lambda I)$ ist eine Hadamard-Matrix und somit regulär, λ kann, weil $|A - \lambda I| \neq 0$, nicht Eigenwert der Matrix A sein. □

Satz 5: Für alle Eigenwerte λ einer nichtnegativen Matrix $A \geq 0$ liegen dann und nur dann $|\lambda| < 1$ im Einheitskreis, wenn $(I - A)$ eine dominante positive Diagonale besitzt.

Beweis: Für die Matrix $(I - A)$ mit dominanter positiver Diagonale gilt

$$1 - a_{jj} > \sum_{i \neq j} |a_{ij}|, \quad j = 1, \ldots, n.$$

Mit Hilfe von Satz 4 erhält man $|\lambda| < 1$. □

Satz 6: $Ax = c$ sei ein Gleichungssystem mit einer quadratischen Matrix $A = (a_{ij})$ mit $a_{ii} > 0$ und $a_{ij} \leq 0$ für $i \neq j$. Damit das Gleichungssystem für jeden semipositiven Vektor $c \geq 0$ eine positive Lösung $x > 0$ besitzt, ist es notwendig und hinreichend, daß A eine dominante Diagonale hat.

Beweis: Existieren für die Matrix A solche $d_i > 0$, so daß DA eine Hadamard-Matrix ist, so ist A nach Satz 1 regulär und es existiert eine eindeutige Lösung. Gibt es in einer Lösung gewisse $x_j < 0$, etwa für $j = 1, \ldots, m < n$ und $x_j \geq 0$ für $j = m+1, \ldots, n$, dann erhält man aus

$$\sum_{j=1}^m a_{ij} x_j + \sum_{j=m+1}^n a_{ij} x_j = c_i \geq 0, \quad i = 1, \ldots, n$$

durch Multiplikation mit $d_i > 0$

$$\sum_{i=1}^m \sum_{j=1}^m d_i a_{ij} x_j + \sum_{i=1}^m \sum_{j=m+1}^n d_i a_{ij} x_j = \sum_{i=1}^m d_i c_i \geq 0.$$

Hat DA eine dominante Diagonale, so ist nach den Voraussetzungen des Satzes der erste Summand negativ und der zweite nicht positiv. Dies widerspricht der rechten Seite, diese Beziehung kann also nur eine Lösung haben, wenn sämtliche $x_j \geq 0$ sind. □

Literatur

Debreu, G.: Definite and Semidefinite Quadratic Forms. Econometrica **20**, 295–300 (1952).
— Herstein, I. N.: Nonnegative Square Matrices. Econometrica **21**, 597–607 (1953).
Gantmacher, F. R.: Matrizenrechnung Teil II, Deutscher Verlag der Wissenschaften 1966.
McKenzie, L.: Matrices with Dominant Diagonals and Economic Theory. In: Arrow, Karlin, Suppes, p. 47–60.
Nikaido, H.: Convex Structure and Economic Theory. Academic Press 1968.
— Introduction to Sets and Mappings in Modern Economics. North Holland 1970.

7. Lineare Differenzengleichungen

7.1 Endliche Differenzen

7.1.1 Operator Δ

Es sei $y(t)$ eine Funktion, die auf der Menge der ganzen Zahlen definiert ist. Sie soll im folgenden auch mit y_t bezeichnet werden.
Der Ausdruck
$$\Delta y(t) = y(t+1) - y(t)$$
oder
$$\Delta y_t = y_{t+1} - y_t$$
wird als *erste Differenz* der Funktion y_t bezeichnet; Δ ist der *Differenzenoperator*. (Vergleiche Teil I, Abschnitt 2.2.1, Abb. 46.)

Die *zweite Differenz* ist die erste Differenz der ersten Differenz; man wendet den Differenzenoperator Δ auf Δy_t an:
$$\begin{aligned}\Delta^2 y_t &= \Delta(\Delta y_t) \\ &= \Delta(y_{t+1} - y_t) \\ &= \Delta y_{t+1} - \Delta y_t \\ &= (y_{t+2} - y_{t+1}) - (y_{t+1} - y_t) \\ &= y_{t+2} - 2y_{t+1} + y_t.\end{aligned}$$

Allgemein gilt nun für die *n-te Differenz* von y_t
$$\begin{aligned}\Delta^n y_t &= \Delta(\Delta^{n-1} y_t) \\ &= \Delta(\Delta(\Delta(\ldots(\Delta(\Delta y_t))\ldots))) \\ &= \sum_{i=0}^{n} \frac{n!}{(n-i)!\,i!}(-1)^i y_{t+n-i} = \sum_{i=0}^{n} \binom{n}{i}(-1)^i y_{t+n-i}.\end{aligned}$$

Für die nullte Differenz wird gewöhnlich
$$\Delta^0 y_t = y_t$$
gesetzt.

Beispiel: Gegeben: $y_t = t^2$
$$\begin{aligned}\Delta y_t &= y_{t+1} - y_t \\ &= (t+1)^2 - t^2 \\ &= t^2 + 2t + 1 - t^2 = 2t + 1,\end{aligned}$$

$$\Delta^2 y_t = y_{t+2} - 2y_{t+1} + y_t$$
$$= (t+2)^2 - 2(t+1)^2 + t^2$$
$$= 2,$$

$$\Delta^3 y_t = \sum_{i=0}^{3} \binom{3}{i}(-1)^i y_{t+3-i}$$
$$= y_{t+3} - 3y_{t+2} + 3y_{t+1} - y_t$$
$$= (t+3)^2 - 3(t+2)^2 + 3(t+1)^2 - t^2$$
$$= 0.$$

7.1.2 Eigenschaften des Operators Δ

Gegeben seien f_t, g_t, h_t als Funktionen der ganzzahligen Veränderlichen $t, t>0$.

a) Ist $f_t = c$, c eine Konstante, so gilt
$$\Delta f_t = 0, \quad \text{da}$$
$$\Delta f_t = c - c = 0.$$

b) Der Operator Δ ist *linear*. Es gilt
$$\Delta(f_t + g_t - h_t) = \Delta f_t + \Delta g_t - \Delta h_t.$$
und
$$\Delta(c f_t) = c(\Delta f_t),$$
wobei c eine Konstante ist.

Die erste Aussage läßt sich wie folgt zeigen:
$$\Delta(f_t + g_t - h_t) = (f_{t+1} + g_{t+1} - h_{t+1}) - (f_t + g_t - h_t)$$
$$= (f_{t+1} - f_t) + (g_{t+1} - g_t) - (h_{t+1} - h_t)$$
$$= \Delta f_t + \Delta g_t - \Delta h_t.$$

Die zweite Eigenschaft folgt aus:
$$\Delta(c f_t) = c f_{t+1} - c f_t$$
$$= c(f_{t+1} - f_t)$$
$$= c(\Delta f_t).$$

Aus (2) und (3) folgt insbesondere
$$\Delta(c_1 f_t + c_2 g_t) = c_1 \Delta f_t + c_2 \Delta g_t.$$

c) Die Differenz eines Produkts der Funktion f_t und g_t ist
$$\Delta(f_t \cdot g_t) = f_{t+1} \Delta g_t + g_t \Delta f_t.$$

Beweis:
$$\Delta(f_t \cdot g_t) = f_{t+1} g_{t+1} - f_t g_t$$
$$= f_{t+1} g_{t+1} - f_{t+1} g_t + f_{t+1} g_t - f_t g_t$$
$$= f_{t+1} \Delta g_t - g_t \Delta f_t. \quad \square$$

d) Für die Differenz des Quotienten der Funktionen f_t und g_t gilt:
$$\Delta \frac{f_t}{g_t} = \frac{g_t \Delta f_t - f_t \Delta g_t}{g_{t+1} g_t}.$$

Beweis:
$$\Delta \frac{f_t}{g_t} = \frac{f_{t+1}}{g_{t+1}} - \frac{f_t}{g_t}$$
$$= \frac{g_t f_{t+1} - g_t f_t + g_t f_t - f_t g_{t+1}}{g_{t+1} g_t}$$
$$= \frac{g_t \Delta f_t - f_t \Delta g_t}{g_{t+1} g_t}. \quad \square$$

e) Die *Faktorpotenz* ist definiert als
$$x^{(n)} = x(x-1)(x-2) \cdots (x-n+2)(x-n+1).$$
Man kann sofort erkennen, daß
$$(x+1)^{(n)} = (x+1)(x+1-1)(x+1-2) \cdots (x+1-n+1)$$
$$= (x+1)x(x-1) \cdots (x-n+2)$$
$$= (x+1) x^{(n-1)}.$$
Die Faktorpotenz läßt sich aber auch in der Form
$$x^{(n)} = (x-n+1) x^{(n-1)}$$
schreiben. Damit hat man zwei Beziehungen, die erlauben, die Differenz zu berechnen:
$$\Delta(x^{(n)}) = (x+1)^{(n)} - x^{(n)}$$
$$= (x+1) x^{(n-1)} - (x-n+1) x^{(n-1)}$$
$$= n x^{(n-1)}.$$

Man möge die Beziehungen der Eigenschaften a)–e) zu den entsprechenden Differentiationsregeln für stetige Funktionen herstellen.

7.1.3 Operator E

Gegeben sei die Funktion $f(t)$, t ganzzahlig. Die Operation, die t um 1 erhöht, wird mit E bezeichnet.
$$E y_t = E f(t) = f(t+1).$$

Die Operation E kann ebenfalls wiederholt auf die Funktion $y_t = f(t)$ angewendet werden:
$$E^2 y_t = E(E y_t) = E y_{t+1} = y_{t+2}$$
und auf dieselbe Weise erhält man:
$$E^n y_t = E(E^{n-1} y_t) = y_{t+n}.$$
Aus den Definitionen für die Operatoren E und Δ folgt die Identität
$$E \equiv 1 + \Delta.$$
Daraus kann man unmittelbar die folgenden Beziehungen herleiten:
$$E^n = (1+\Delta)^n = \sum_{i=0}^{n} \frac{n!}{(n-i)!i!} \Delta^i = \sum_{i=0}^{n} \binom{n}{i} \Delta^i$$
und
$$\Delta^n = (E-1)^n = \sum_{i=0}^{n} \frac{n!}{(n-i)!i!} (-1)^i E^{n-i} = \sum_{i=0}^{n} \binom{n}{i} (-1)^i E^{n-i}.$$

7.2 Begriff der Differenzengleichung

Es sei F eine Funktion von $(n+2)$ Variablen, dann wird
(1) $$F(y_t, \Delta y_t, \ldots, \Delta^n y_t, t) = 0$$
eine *Differenzengleichung n-ter Ordnung* oder auch *rekursive Form* genannt. Auf Grund der Definition der Differenzen läßt sich die Funktion F überführen in eine Funktion
$$G(y_t, y_{t+1}, y_{t+2}, \ldots, y_{t+n}, t) = 0.$$
Eine Differenzengleichung zweiter Ordnung zum Beispiel
$$F(y_t, \Delta y_t, \Delta^2 y_t, t) = 0$$
läßt sich wegen
$$\Delta y_t = y_{t+1} - y_t$$
$$\Delta^2 y_t = y_{t+2} - 2 y_{t+1} + y_t$$
neu formulieren:
$$F(y_t, y_{t+1} - y_t, y_{t+2} - 2 y_{t+1} + y_t, t) = 0;$$
mit einer geeigneten Funktion G folgt
$$G(y_t, y_{t+1}, y_{t+2}, t) = 0.$$

Eine Funktion y heißt Lösung von F, wenn sie F identisch für alle t erfüllt. Man kann die Funktion G auch in der Form

$$y_t = g(y_{t-1}, y_{t-2}, \ldots, y_{t-n}, t)$$

angeben.

Im folgenden werden die linearen Differenzengleichungen

$$a_0(t)y_t + a_1(t)y_{t-1} + \cdots + a_n(t)y_{t-n} = b(t)$$

behandelt.

Verschwindet $b(t)$ identisch, dann liegt eine homogene, lineare Differenzengleichung, sonst eine inhomogene Differenzengleichung vor.

In wirtschaftlichen Anwendungen sind die linearen Differenzengleichungen mit konstanten Koeffizienten

$$a_0 y_t + a_1 y_{t-1} + \cdots + a_n y_{t-n} = b$$

sowie Systeme solcher Differenzengleichungen

(2) $$\sum_{k=0}^{n} a_{ik} y_{t-k} = b_{it}, \quad i = 1, \ldots, m$$

von besonderem Interesse. Dabei stehen Systeme erster Ordnung der Art

$$y_i(t+1) = \sum_{k=1}^{n} a_{ik} y_k(t) + b_k(t)$$

im Vordergrund.

7.3 Differenzengleichungen erster Ordnung

Gegeben sei eine Differenzengleichung erster Ordnung

$$F(y_t, y_{t-1}, t),$$

und sie habe nach y_t aufgelöst die Form

(1) $$y_t = f^t(y_{t-1}).$$

Zur Lösung benützt man die rekursiven Beziehungen

$$y_{t-1} = f^{t-1}(y_{t-2})$$
$$\vdots \quad \vdots$$
$$y_1 = f^1(y_0),$$

wobei y_0 gegeben sein soll. Durch sukzessives Einsetzen der einzelnen Gleichungen in (1) erhält man

$$y_t = f^t(f^{t-1} \ldots (f^1(y_0)) \ldots).$$

Tritt in (1) die unabhängige Variable t nicht explizit auf, dann gilt die einfachere Iterationsformel:
$$y_t = f(f\ldots(f(y_0))\ldots).$$

Beispiel:
$$\begin{aligned}
y_t &= \alpha y_{t-1}^\beta \\
&= \alpha(\alpha y_{t-2}^\beta)^\beta = \alpha^{1+\beta} y_{t-2}^{\beta^2} \\
&= \alpha(\alpha^{1+\beta} y_{t-3}^{\beta^2})^\beta = \alpha^{1+\beta+\beta^2} y_{t-3}^{\beta^3} \\
&\vdots \\
y_t &= \alpha^{1+\beta+\beta^2+\beta^{t-1}} y_0^{\beta^t}.
\end{aligned}$$

Für $-1 < \beta < 1$ existiert

da
$$\lim_{t\to\infty} y_t = \alpha^{\frac{1}{1-\beta}},$$
$$\lim_{t\to\infty} y_0^{\beta^t} = 1.$$

Ist $y_t = \alpha y_{t-1}^\beta$ eine Cobb-Douglas-Produktionsfunktion mit $0 < \beta < 1$, so ist y_t der Output in der Periode t und y_{t-1} der Input in der Periode $t-1$. Für $\beta > 1$, $0 < y_0 < 1$ und $|\alpha| < 1$ ist dagegen
$$\lim_{t\to\infty} y_t = 0.$$

Der Output in der n-ten Periode, der mit einem gegebenen Anfangsinput y_0 bei abnehmenden Skalenerträgen erzielt werden kann, $\beta < 1$, wächst mit zunehmendem n, aber nicht über eine feste Schranke hinaus.

7.4 Lineare Differenzengleichungen erster Ordnung

7.4.1 Zur Lösung linearer Differenzengleichungen erster Ordnung

Die lineare Differenzengleichung erster Ordnung hat die Form
$$y_t = c_t y_{t-1} + b_t.$$
Durch sukzessives Einsetzen erhält man für
$$\begin{aligned}
y_t &= c_t(c_{t-1}(c_{t-2}\ldots(c_2(c_1 y_0 + b_1) + b_2) + \cdots + b_{t-2}) + b_{t-1}) + b_t \\
&= c_t c_{t-1}\ldots c_1 y_0 + c_t\ldots c_2 b_1 + c_t\ldots c_3 b_2 + \cdots \\
&\quad + c_t c_{t-1} b_{t-2} + c_t b_{t-1} + b_t \\
&= y_0 \prod_{i=1}^{t} c_i + \sum_{i=0}^{t-1} b_{t-i} \prod_{j=t-i+1}^{t} c_j \quad \text{(mit } c_{t+1} = 1\text{)}.
\end{aligned}$$

Die Lösung für y_t existiert und ist eindeutig, sobald y_0 als Anfangsbedingung gegeben ist.

Wenn $c_t = c$, also unabhängig von t ist, folgt

$$y_t = c^t y_0 + \sum_{i=0}^{t-1} c^i b_{t-i},$$

oder allgemeiner

$$y_t = c^m y_{t-m} + \sum_{i=0}^{m-1} c^i b_{t-i}.$$

Für den Fall $|c| < 1$ konvergiert y_t nach

$$\lim_{m \to \infty} y_t = \sum_{i=0}^{\infty} c^i b_{t-i}.$$

Setzt man für $b_t = (1-c)\beta_t$, dann ist

$$y_t = \sum_{i=0}^{\infty} (1-c) c^i \beta_{t-i}$$

ein gewogenes Mittel der verzögerten Werte von β mit geometrisch abnehmenden Gewichten.

7.4.2 Dynamischer Multiplikator

Die autonomen Ausgaben der Periode t seien A_t und c die Grenzneigung zum Konsum ($0 \leq c \leq 1$). Das Volkseinkommen y_{t-1} der Periode $t-1$ wird in t für den Konsum ausgegeben. Für das Einkommen der Periode t erhält man eine Differenzengleichung der Form

$$Y_t = A_t + c Y_{t-1}.$$

Die Lösung ist

$$Y_t = c^t A_0 + \sum_{i=0}^{t-1} c^i A_{t-i}.$$

Das Einkommen der laufenden Periode ist also ein gewogenes Mittel mit exponentiell abnehmenden Gewichten der autonomen Ausgaben der Vergangenheit. Mit zunehmenden Werten für t wird der Ausdruck $c^t A_0$ immer kleiner, die Einkommenswirkung der autonomen Ausgaben in den einzelnen Perioden nimmt exponentiell ab.

7.4.3 Adaptive Anpassung der Investitionen

Die Nachfrage in der Periode t sei Y_t, der für die Produktion von Y_t erforderliche Kapitalstock $v Y_t$ und der zu Beginn von der Periode t erforderliche Kapitalstock K_{t-1}. Die Investitionen seien proportional zur Lücke zwischen dem erforderlichen und dem vorhandenen Kapitalstock:

$$I_t = \alpha(v Y_t - K_{t-1}), \quad -1 \leq \alpha \leq 1.$$

Der Verschleiß des Kapitalstockes durch Abnutzung sei βK_t, $0 \leq \beta \leq 1$. Das tatsächliche Kapital am Ende der Periode t beträgt dann

$$\begin{aligned}K_t &= (1-\beta) K_{t-1} + I_t \\ &= (1-\beta) K_{t-1} + \alpha v Y_t - \alpha K_{t-1} \\ &= (1-\beta-\alpha) K_{t-1} + \alpha v Y_t.\end{aligned}$$

Die Lösung der Differenzengleichung ist

$$K_t = \alpha v \sum_{i=0}^{t-1} (1-\alpha-\beta)^i Y_{t-1},$$

für Werte von α und β so, daß

$$-1 < (1-\alpha-\beta) < 1,$$

oder wegen $\alpha, \beta > 0$, folgt $\alpha + \beta < 2$. Der Kapitalstock ist proportional einem gewogenen Mittel der Nachfrage, wobei die Gewichte mit der Zeit exponentiell abnehmen.

Die obige Differenzengleichung läßt sich auch in der Form

$$K_t - K_{t-1} = \alpha + \beta \left[\frac{\alpha v}{\alpha + \beta} Y_t - K_{t-1} \right]$$

angeben und drückt die adaptive Anpassung des Kapitalstocks an das Sozialprodukt aus.

7.4.4 Spinngewebe-Modell („Schweinezyklen")

Bei diesem Modell erfolgt die Anpassung des Angebots für ein Gut an die veränderte Nachfrage im Zeitpunkt t mit der Verzögerung um eine Periode. Die Angebotsfunktion ist deshalb

$$s_t = a + b p_{t-1} \quad \text{mit } b > 0$$

und die Nachfragefunktion

$$q_t = c + d p_t \quad \text{mit } d < 0.$$

Für die Bedingung des Marktgleichgewichts $s_t = q_t$ folgt die Differenzengleichung

(1) $$p_t = \frac{a-c}{d} + \frac{b}{d} p_{t-1}$$

mit der Lösung

(2) $$p_t = \left(\frac{b}{d}\right)^t p_0 + \sum_{i=0}^{t-1} \left(\frac{b}{d}\right)^i \left(\frac{a-c}{d}\right),$$

und dem gegebenen Preis p_0.

Wählt man eine spezielle oder partikuläre Lösung p^* von (2), so ist

(3) $$p_t = \left(\frac{b}{d}\right)^t (p_0 - p^*) + p^*.$$

Setzt man für p^* den Gleichgewichtspreis $p_t = p_{t-1} = p^*$, so erhält man aus (1) $p^* = \dfrac{a-c}{d-b}$ und für (3)

$$p_t = \left(\frac{b}{d}\right)^t \left(p_0 - \frac{a-c}{d-b}\right) + \frac{a-c}{b-d}.$$

Ist $p_0 \neq p^*$, so oszilliert p_t wegen $\dfrac{b}{d} < 0$ um das Gleichgewicht p^*.
Die Schwingungen sind gedämpft, falls $|b| < |d|$ und p_t konvergiert nach p^*. Ist dagegen $|b| \geq |d|$, so ist das Modell instabil.

7.5 Lineare homogene Differenzengleichung mit konstanten Koeffizienten

Die lineare homogene Differenzengleichung mit konstanten Koeffizienten hat die Form

(1) $$a_0 y_t + a_1 y_{t-1} + \cdots + a_n y_{t-n} = 0, \quad a_0 \neq 0.$$

Der Ansatz $y_t = E^t y_0 = \lambda^t$ führt auf

$$a_0 \lambda^t + a_1 \lambda^{t-1} + \cdots + a_n \lambda^{t-n} = 0$$

und nach dem Kürzen mit λ^{t-n} erhält man

(2) $$a_0 \lambda^n + a_1 \lambda^{n-1} + \cdots + a_n = 0.$$

Die Gleichung hat deshalb stets so viele Lösungen wie für das *charakteristische Polynom* (2) Wurzeln existieren.

Für m verschiedene Wurzeln $\lambda_i, i = 1, \ldots, m$ mit $\lambda_i \neq \lambda_k$ sind die Beziehungen

$$y_t^i = \lambda_i^t$$

ein linear unabhängiges System. Es gibt deshalb keine nichttriviale Linearkombination,

(3) $$\sum_{i=1}^{m} c_i \lambda_i^t \neq 0,$$

die in t identisch verschwindet. Sind sämtliche Wurzeln des charakteristischen Polynoms verschieden, dann ist (3) die *allgemeine Lösung* von (1).

Schreibt man n Anfangswerte vor, wie etwa

(4)
$$\begin{aligned} y_0 &= g_0 \\ y_1 &= g_1 \\ &\vdots \\ y_{n-1} &= g_{n-1}, \end{aligned}$$

dann bestimmen sie im folgenden System die n Koeffizienten c_i:

$$\begin{aligned} y_0 &= c_1 + c_2 + \cdots + c_n \\ y_1 &= c_1 \lambda_1^1 + c_2 \lambda_2^1 + \cdots + c_n \lambda_n^1 \\ &\vdots \\ y_{n-1} &= c_1 \lambda_1^{n-1} + c_2 \lambda_2^{n-1} + \cdots + c_n \lambda_n^{n-1}. \end{aligned}$$

Dieses Gleichungssystem ist linear unabhängig, da nach Voraussetzung die Determinante des Systems nicht verschwindet; man vergleiche: Vandermonde'sche Determinante Abschn. 3.6:

$$\begin{vmatrix} 1 & 1 & \ldots & 1 \\ \lambda_1^1 & \lambda_2^1 & \ldots & \lambda_n^1 \\ \vdots & \vdots & & \vdots \\ \lambda_1^{n-1} & \lambda_2^{n-1} & \ldots & \lambda_n^{n-1} \end{vmatrix} = \prod_{i>k} (\lambda_i - \lambda_k) \neq 0.$$

7.6 Systeme linearer homogener Differenzengleichungen n-ter Ordnung

Beim System linear homogener Differenzengleichungen n-ter Ordnung

$$y_t = A\, y_{t-1}$$

ist A eine $(n \times n)$-Matrix und y_t und y_{t-1} n-Vektoren. Mit dem Ansatz für $y_t = \lambda^t y_0$, erhält man $\lambda^t y_0 = A \lambda^{t-1} y_0$ oder nach Kürzen von λ^{t-1}

$$(A - \lambda I) y_0 = 0.$$

Die Determinante der Matrix $(A-\lambda I)$ ist ein normiertes Polynom in λ vom n-ten Grad. Jeder Eigenvektor x erzeugt eine Lösung der Form (4) (Abschn. 7.5) mit $y_0 = x$. Existieren n linear unabhängige Eigenvektoren y_{i0} mit den Eigenwerten λ_i, so ist die allgemeine Lösung

$$y_t = \sum_{i=1}^{n} c_i \lambda_i^t y_{i,0},$$

eine Linearkombination aus den verschiedenen Eigenvektoren und den Potenzen der zugehörigen Eigenwerte.

7.7 Lineare inhomogene Differenzengleichungen mit konstanten Koeffizienten

Die allgemeine Lösung der linearen inhomogenen Differenzengleichungen n-ter Ordnung ist die Summe einer speziellen Lösung und der allgemeinen Lösung. Es sei

(1) $\qquad a_0 y_t + a_1 y_{t-1} + \cdots + a_n y_{t-n} = c_t$

eine partikuläre Lösung der inhomogenen Gleichung und

(2) $\qquad a_0 \lambda^t + a_1 \lambda^{t-1} + \cdots + a_n = 0$

die allgemeine Lösung der homogenen Differenzengleichung, dann ist

(3) $\qquad a_0(y_t + \lambda^t) + a_1(y_{t-1} + \lambda^{t-1}) + \cdots + a_n(y_{t-n} + 1) = c_t$

die allgemeine Lösung der vollständigen oder inhomogenen Differenzengleichung (1). Man hat deshalb sowohl die allgemeine Lösung der homogenen Differenzengleichung zu bestimmen, als auch eine partikuläre Lösung der inhomogenen Gleichung zu finden. Mit der Formel (3) kann die allgemeine Lösung angegeben werden. Wenn eine partikuläre Lösung nicht auf einfache Weise ermittelt werden kann, müssen besondere Methoden zur Bestimmung verwendet werden[1].

Beispiel:
$$y_t + a y_{t-1} + b y_{t-2} = c_t$$

Die allgemeine Lösung der homogenen Differenzengleichung wird bestimmt durch die charakteristische Gleichung

$$\lambda^2 + a\lambda + b = 0$$

---
[1] JORDAN, CH.: Calculus of Finite Differences. New York 1965; – MESCHKOWSKI, H.: Differenzengleichungen. Göttingen 1959.

mit charakteristischen Wurzeln

$$\lambda_{1,2} = -\frac{a}{2} \pm \frac{1}{2}\sqrt{a^2 - 4b}.$$

Man hat nun drei Fälle zu unterscheiden.
 1. Fall: $a^2 = 4b$.

Dann ist $\lambda = -\frac{a}{2}$ und die Lösungen sind

$$y_t^{(1)} = c_1\left(-\frac{a}{2}\right)^t + c_t^{(2)}\left(-\frac{a}{2}\right)^t.$$

Eine zweite Lösung existiert von der Form $y_t = t\left(-\frac{a}{2}\right)^t$, denn

$$t\left(-\frac{a}{2}\right)^t + a(t-1)\left(-\frac{a}{2}\right)^{t-1} + b(t-2)\left(-\frac{a}{2}\right)^{t-2}$$

$$= -\left(\frac{a}{2}\right)^{t-2}\left[t\left\{\left(-\frac{a}{2}\right)^2 + a\left(-\frac{a}{2}\right) + b\right\} - \left\{a\left(-\frac{a}{2}\right) + 2b\right\}\right] = 0.$$

Die Koeffizienten c_1, c_2 werden bestimmt durch die Anfangsbedingungen

$$y_0 = c_1$$
$$y_1 = c_1\left(-\frac{a}{2}\right) + c_2\left(-\frac{a}{2}\right).$$

Die Lösungen konvergieren mit wachsendem t, unabhängig von den Anfangsbedingungen, für $\left|\frac{a}{2}\right| < 1$.

 2. Fall: $a^2 > 4b$.

Die Wurzeln λ_1, λ_2 sind reell und verschieden. Die Koeffizienten c_1, c_2 werden bestimmt durch

$$y_0 = c_1 + c_2$$
$$y_1 = c_1\lambda_1 + c_2\lambda_2$$
$$= (c_1 + c_2)\left(-\frac{a}{2}\right) + (c_1 - c_2)\sqrt{a^2 - 4b},$$

y_t konvergiert für $\left|-\frac{a}{2} \pm \frac{1}{2}\sqrt{a^2 - 4b}\right| < 1$. Hinreichend dafür ist $|a| < 1$ und $0 < b < \frac{a^2}{4}$.

In jedem Fall ist
$$y_t = c_1 \lambda_1^t + c_2 \lambda_2^t$$
asymptotisch gleich
$$c_1 \lambda_1^t,$$
falls $c_1 \neq 0$ und $|\lambda_1| > |\lambda_2|$.

Die Beziehung $|\lambda_1| = |\lambda_2|$ kann nur dann auftreten, wenn $\lambda_2 = -\lambda_1$. Es verschwindet also a, und die allgemeine Lösung lautet:
$$y_t = c_1 (\sqrt{b})^t + c_2 (-\sqrt{b})^t.$$

3. Fall: $a^2 < 4b$.
Die Wurzeln λ_1, λ_2 sind konjugiert komplex.
$$\lambda_{1,2} = -\frac{a}{2} \pm \frac{i}{2} \sqrt{4b - a^2}$$
$$= \sqrt{b} \left[\cos \varphi \pm i \sin \varphi \right]$$

mit
$$\cos \varphi = \frac{-a}{2\sqrt{b}}.$$

Damit eine reelle Lösung vorliegt, muß dann $c_2 = \bar{c}_1$ sein. Sei
$$c_1 = C(\cos \gamma + i \sin \gamma).$$
Die allgemeine Lösung ist
$$y_t = C(\cos \gamma + i \sin \gamma) \sqrt{b}^t (\cos \varphi + i \sin \varphi)^t$$
$$+ C(\cos \gamma - i \sin \gamma) \sqrt{b}^t (\cos \varphi - i \sin \varphi)^t$$
$$= C \sqrt{b}^t \cos(t \varphi + \gamma).$$

Der Fall $b = 1$ stellt eine Sinusschwingung dar mit Amplitude C und Phase γ und der Periode $\frac{2\pi}{\varphi}$. Für $b > 1$ wächst die Amplitude exponentiell mit der Zeit, für $b < 1$ fällt sie exponentiell nach Null; die Schwingung ist gedämpft.

7.8 Samuelson-Hicks-Konjunkturmodell

Eine wichtige ökonomische Anwendung der linearen Differenzengleichung zweiter Ordnung ist das Akzelerator-Multiplikator-Modell der Konjunkturschwankungen nach SAMUELSON und HICKS.

Der Konsum hängt vom Einkommen der beiden letzten Perioden mit einem „verteilten" Lag ab:
$$C_t = c_1 Y_{t-1} + c_2 Y_{t-2}.$$
Die Investitionen folgen der Akzeleration des Einkommens mit einem Lag von einer Periode:
$$I_t = v(Y_{t-1} - Y_{t-2}).$$
Das realisierbare Einkommen ist die Summe aus dem geplanten Konsum der geplanten Investitionen und den als konstant angenommenen autonomen Ausgaben.
$$Y_t = C_t + I_t + A.$$
Durch Einsetzen für C_t, I_t folgt
(1) $\qquad Y_t - (v + c_1) Y_{t-1} + (v - c_2) Y_{t-2} = A.$

Eine spezielle Lösung von (1) kann man erhalten, indem man eine Konstante $\bar{Y}$ einführt, nämlich
$$\bar{Y} = \frac{A}{1 - (c_1 - v) - (v - c_2)} = \frac{A}{1 - c_1 - c_2},$$
in der das Einkommen durch die autonomen Ausgaben und den Multiplikator $\dfrac{1}{1-c}$, mit $c = c_1 + c_2$, bestimmt wird. Sie ist eine Gleichgewichtslösung, denn sie ist von der Zeit t unabhängig. Die Abweichungen von der speziellen Lösung $\bar{Y}$ sind gegeben durch:
$$\bar{Y}_t = Y_t - \bar{Y}.$$
Durch Einsetzen von $\bar{Y}_t$ in (1) ergibt sich die homogene Differenzengleichung
$$Y_t - (v + c_1) Y_{t-1} + (v - c_2) Y_{t-2} = 0,$$
mit der charakteristischen Gleichung
$$\lambda^2 - (v + c_1)\lambda + (v - c_2) = 0.$$

Von Interesse ist der Fall der komplex konjugierten Wurzel, der eine Sinusschwingung erzeugt. Die Bedingung dafür ist nach dem 3. Fall des vorhergehenden Beispiels
$$(v + c_1)^2 < 4(v - c_2).$$
Diese läßt sich auf die folgende Form bringen:
$$(1 - \sqrt{s})^2 < b < (1 + \sqrt{s})^2,$$

wobei
$$b = v - c_2$$
$$s = 1 - c_1 - c_2$$
ist.

Die charakteristischen Wurzeln sind dann
$$\lambda_{1,2} = \sqrt{b}(\cos\varphi \pm i \sin\varphi)$$
mit
$$\cos\varphi = \frac{v + c_1}{2\sqrt{v - c_2}}.$$

Die Lösung ist gedämpft, wenn der modifizierte Akzelerator $v - c_2$ positiv und kleiner als eins ist, also zum Beispiel für $v = 1.25$ und $c_2 = 0.3$.

Literatur

BELLMAN, R., COOK, K. L.: Differential-Difference Equations. Academic Press 1963.

GANDOLFO, G.: Mathematical Methods and Models in Economic Dynamics. North Holland 1971.

MESCHKOWSKI, H.: Differenzengleichungen. Vandenhoeck und Ruprecht 1959.

SPIEGEL, M.R.: Calculus of Finite Differences and Difference Equations. Schaum's Outline Series. McGraw-Hill 1971.

8. Input-Output-Theorie

8.1 Voraussetzungen

In der Input-Output-Theorie werden lineare Produktionsmodelle mit endlich vielen Produktionsprozessen oder Aktivitäten untersucht, in denen je ein Gut aus andern Gütern erzeugt wird. Zumeist befaßt man sich mit dem makroökonomischen Modell, in dem die Aktivitäten als Wirtschaftssektoren aufzufassen sind. In jedem Sektor wird ein bestimmtes Güterbündel (das Gut) hergestellt, das sich von allen anderen unterscheidet. Es werden die folgenden Modellvoraussetzungen gemacht:

1. Für jede Einheit eines Güterbündels, genannt Output des Sektors j, ist eine feste Menge Input des Gutes i, $a_{ij} \geqq 0$, erforderlich. Unter Input versteht man Produktionsfaktoren und andere Resourcen, also Rohstoffe oder Zwischenprodukte, die als Output aus einem anderen Sektor stammen. Für eine Menge x_j von Output ist dann $a_{ij}x_j$ vom Input i erforderlich.
2. Es gibt keine Substitution zwischen den einzelnen Inputs.
3. Jeder Output benötigt mindestens einen Input aus einem anderen Sektor, und jeder Input geht in wenigstens einen Output der übrigen Sektoren.

Die a_{ij} heißen die Inputkoeffizienten und $A = (a_{ij})$ ist die Inputmatrix. Umfaßt ein solches Modell die gesamte Volkswirtschaft, so wird es auch Leontief-Modell genannt.

8.2 Geschlossenes Input-Output-Modell

Unter einem *geschlossenen* Input-Output-Modell (I-O) versteht man ein System von Gleichungen der Art

(1) $$Ax = x$$

mit der n-reihigen semipositiven Inputmatrix $A \geq 0$ und dem n-dimensionalen semipositiven Outputvektor $x \geq 0$.

In einem geschlossenen Modell werden alle Outputs zugleich als Input verwendet. Wenigstens einer der Sektoren ist der Haushaltsektor, in den die Konsumgüter gehen und aus dem, wie aus einem Industriezweig, die Arbeitsleistungen als Inputs für die übrigen Sektoren stammen.

Je feiner die Unterteilung der Volkswirtschaft in Industrien, je größer also die Zahl der Sektoren ist, um so häufiger kann der Fall auftreten, daß der Sektor j vom Sektor i keinen Input bezieht. In großen I-O-Matrizen verschwinden deshalb viele Koeffizienten; die Matrizen sind dann „mager". Im allgemeinen werden die internen Transaktionen eines Sektors nicht registriert, das heißt:

$$a_{ii}=0, \quad i=1,\ldots,n,$$

die Matrix A hat die Form:

$$A = \begin{pmatrix} 0 & a_{12} & \ldots & a_{1n} \\ a_{21} & 0 & \ldots & a_{2n} \\ \vdots & \vdots & \ddots & \vdots \\ a_{n1} & a_{n2} & \ldots & 0 \end{pmatrix}.$$

Die Beziehung (1) läßt sich in die neue Form überführen, indem man schreibt:

$$Ix - Ax = 0.$$

Ist

$$L = (I-A) = \begin{pmatrix} 1 & -a_{12} & \ldots & -a_{1n} \\ -a_{21} & 1 & \ldots & -a_{2n} \\ \vdots & \vdots & \ddots & \vdots \\ -a_{n1} & -a_{n2} & \ldots & 1 \end{pmatrix},$$

so geht (1) über in $Lx=0$. Die Matrix L wird als Leontief- oder Technologie-Matrix bezeichnet.

Eine allgemeinere Klasse sind die Minkowski-Metzler-Matrizen

$$M = \begin{pmatrix} m_1 & -a_{12} & \ldots & -a_{1m} \\ -a_{21} & m_2 & \ldots & -a_{2m} \\ \vdots & \vdots & \ddots & \vdots \\ -a_{n1} & -a_{n2} & \ldots & m_n \end{pmatrix}$$

mit positiven Diagonalelementen m_i und nichtpositiven Elementen $-a_{ik}$ außerhalb der Diagonale.

Bei Input-Output-Matrizen bedeutet die Zerlegbarkeit, daß die Menge der Wirtschaftssektoren, beispielsweise, in zwei Teilmengen zerfällt, S_1 und S_2, so daß $a_{ij} \neq 0$ für $j \in S_1$ und $i \in S_2$. Dies bedeutet, daß kein Input aus S_2 in die Sektoren S_1 geht, das umgekehrte ist aber nicht ausgeschlossen. Die Matrix A hat dann die folgende Anordnung der Teilmatrizen A_1 und A_2,

$$A = \begin{pmatrix} A_1 & B \\ \hline 0 & A_2 \end{pmatrix}.$$

worin A_1 und A_2 selbst unzerlegbar sein sollen.

Die Menge S_1 der Sektoren bestehe aus den ersten n_1 Reihen der Matrix A und S_2 aus den übrigen $n-n_1=n_2$ Reihen. Der selbständige oder autarke Wirtschaftszweig S_1 hat die Matrix A_1. Unterteilt man den Vektor x entsprechend in $x=(x_1,x_2)'$ so erhält man aus

$$Ax = \begin{pmatrix} A_1 & B \\ 0 & A_2 \end{pmatrix} \begin{pmatrix} x_1 \\ x_2 \end{pmatrix} = \begin{pmatrix} x_1 \\ x_2 \end{pmatrix}$$

das Gleichungssystem:

$$A_1 x_1 + B x_2 = x_1$$
$$A_2 x_2 = x_2.$$

Das Teilsystem $A_2 x_2 = x_2$ läßt sich getrennt vom übrigen Teilsystem nach x_2 lösen. Das System $A_1 x_1 + B x_2 = x_1$ kann nach x_1 aufgelöst werden; x_1 ist von x_2 abhängig, nicht aber umgekehrt.

Beispiel:

$$A = \begin{pmatrix} a_{11} & a_{12} & a_{13} & 0 \\ a_{21} & a_{22} & 0 & a_{24} \\ 0 & 0 & a_{33} & a_{34} \\ 0 & 0 & a_{43} & a_{44} \end{pmatrix}.$$

Der Fall der vollständig zerlegbaren Matrix

$$A = \begin{pmatrix} A_1 & & 0 \\ & \ddots & \\ 0 & & A_n \end{pmatrix}.$$

ist im Zusammenhang mit der I-O-Analyse einfach zu bewältigen, da dann jedes Teilsystem getrennt betrachtet werden kann.

Im folgenden seien jeweils unzerlegbare Systeme angenommen; es sind also alle Variablen voneinander abhängig. Das Modell kann nur dann arbeiten, wenn die als Input verwendete Menge jedes Gutes den Output nicht übersteigt, also $Ax \leq x$.

Ein I-O-System ist im Gleichgewicht, wenn ein Vektor x existiert, so daß

$$Ax = x.$$

Gelegentlich fordert man für die I-O-Matrizen, daß sämtliche Spaltensummen gleich eins sind:

$$\sum_{i=1}^{n} a_{ij} = 1, \quad j = 1, \ldots, n.$$

Aus der Funktionsfähigkeit des Systems folgt, daß es dann im Gleichgewicht ist:

Satz 1: Für die Matrix $A \geq 0$ mit den Spaltensummen gleich eins:

$$(a_{ij}) \geq 0 \quad \text{und} \quad \sum_i a_{ij} = 1,$$

folgt aus $Ax \leq x$, daß $Ax = x$.

Beweis: Aus $x_i \geq \sum_j a_{ij} x_j$ folgt durch

$$\sum_i x_i \geq \sum_j \sum_i a_{ij} x_j = \sum_j x_j.$$

Die letzte Gleichung kann aber nur dann bestehen, wenn in sämtlichen Ungleichungen das Gleichheitszeichen herrscht. □

Eine Gleichgewichtslösung $Ax = x$ existiert offenbar dann, wenn $\lambda = 1$ Eigenwert ist und der zugehörige Eigenvektor semipositiv ist. Es seien dazu zwei Bedingungen angegeben:

Satz 2: Ist $A = (a_{ij}) \geq 0$ mit $\sum a_{ij} = 1$, dann existiert eine Gleichgewichtslösung $x = Ax$.

Der Beweis folgt aus dem Satz 5, Abschn. 6.4.2, $\lambda = 1$ ist dann die Frobeniuswurzel.

Weiter gilt der

Satz 3: A sei unzerlegbar und semipositiv. Eine Gleichgewichtslösung existiert dann und nur dann, wenn $\lambda = 1$ die Frobeniuswurzel von A ist.

Der Beweis ergibt sich aus Satz 2, Abschn. 6.4.2, wonach die Frobeniuswurzel der einzige positive Eigenwert mit einem semipositiven Eigenvektor ist.

Ist die Frobeniuswurzel $\lambda < 1$, so ist das System lebensfähig und erzielt darüber hinaus Überschüsse, die einen Wachstumsprozeß ermöglichen, vergleiche dazu Abschn. 8.5.

Ein System $Ay \geq \lambda y$ hat aber keine andere nichtnegative Lösung als $y = x$. Für einen Eigenwert $\lambda > 1$ ist das System unmöglich. Die positive Lösung, $x > 0$ bedeutet ökonomisch, daß in einem unzerlegbaren System jedes Gut unentbehrlich ist. Um positive Mengen an Output zu erzeugen, braucht man positive Mengen von jedem Gut.

Die Existenz einer Gleichgewichtslösung bedeutet zugleich die Existenz eines Preissystems. Ein Preisvektor p heißt Gleichgewichtspreis, wenn es in den einzelnen Wirtschaftssektoren weder Gewinne noch Verluste gibt. Sind $p_i a_{ij}$ die Kosten des Inputs i für den Output j, so sind $\sum_i p_i a_{ij}$ die totalen Kosten zur Erzeugung des Outputs j und in jedem Sektor ist der Erlös gleich den Kosten, wenn

$$\sum_i p_i a_{ij} = p_j, \quad j = 1, \ldots, n$$

oder

$$p'A = p', \quad \text{beziehungsweise } A'p = p.$$

Die Matrix A' besitzt aber dieselbe Frobeniuswurzel $\lambda > 0$ wie A. Unter welcher Bedingung ist $\lambda = 1$?

Ist $p' = p'A$ und

$$Ax = \lambda x,$$

dann folgt

$p'x = p'Ax = p'\lambda x = \lambda p'x$. Da $x > 0$ und $p > 0$, ist $\lambda = 1$.

Satz 4: Eine Gleichgewichtslösung des Input-Output-Systems $Ax = x$ mit der Matrix $A \geq 0$ existiert dann und nur dann, wenn es einen Gleichgewichtspreis p gibt mit $p'A = p'$. Die Beziehung $p'A = p'$ beschreibt das Marktgleichgewicht bei vollkommener Konkurrenz.

8.3 Offenes Input-Output-Modell

Das geschlossene Input-Output-Modell besitzt als einfaches walrasianisches Gleichungssystem ein gewisses theoretisches Interesse, dagegen ist das offene Modell von praktischer Bedeutung. Das offene Input-Output-Modell sondert bestimmte Wirtschaftsbereiche als exogen aus, vor allem Haushalte, Staat oder die Auslandsbeziehungen (Importe, Exporte). Es enthält dann nur die „erzeugenden" Sektoren, wie Industrie und Landwirtschaft, die außer den Systeminputs noch die Outputs produzieren müssen, die vom System nach außen abgegeben werden. Als Inputs von außen werden die Arbeitsleistung und Importe absorbiert. Diese Inputs werden zunächst nicht betrachtet, sie beschränken aber im wesentlichen die Produktionskapazität des Systems.

Die Produktionstechnik werde wieder durch die $(n \times n)$-Matrix A beschrieben, A sei semipositiv und unzerlegbar. Das System muß nun, um überlebensfähig zu sein, einen Überschuß $c \geq 0$ als das Güterangebot an die ausgeschlossenen Wirtschaftsbereiche produzieren. Unter c wird häufig einfach die Konsumgüternachfrage verstanden. Für die Produktion des Überschusses c ist dann ein interner Output erforderlich, derart, daß

$$(I-A)x=c, \quad x \geq 0.$$

Ist $(I-A)$ regulär, kann x unmittelbar durch

$$x=(I-A)^{-1}c$$

bestimmt werden. $(I-A)^{-1}$ heißt auch Leontief-Inverse. Diese Inversion garantiert im allgemeinen noch nicht, daß $x \geq 0$. Die Produktionsmatrix A ist nach Voraussetzung nichtnegativ und unzerlegbar. Da das System $(I-A)x$ einen Überschuß hervorbringen soll, muß die Matrix A ein $\lambda < 1$ als Frobeniuswurzel besitzen. Dies ist nach dem Satz 5, Abschn. 6.4.2 dann der Fall, wenn wenigstens eine der Summen der Elemente der Zeilen (Spalten) kleiner als eins ist. Die Matrix $(I-A)^{-1}$ ist dann nach Satz 2, Abschn. 6.4.2 positiv. Für jede semipositive Endnachfrage c gibt es dann einen positiven Vektor x, der die Lösung des offenen Leontief-Modells darstellt. Kann das System unter den gemachten Voraussetzungen einen positiven Überschuß $c_0 > 0$ erzeugen, dann kann es jeden positiven Überschuß $c > 0$ produzieren.

Ein anderes Kriterium für eine nichtnegative Lösung wird durch die sogenannte *Hawkins-Simon-Bedingung* angegeben:

Satz: Eine notwendige und hinreichende Bedingung für eine nichtnegative Lösung von x des Systems $(I-A)x=c$ mit $c \geq 0$ ist, daß sämtliche Hauptminoren von $(I-A)$ positiv sind:

$$1-a_{11} > 0, \quad \begin{vmatrix} 1-a_{11} & -a_{12} \\ -a_{21} & 1-a_{22} \end{vmatrix} > 0, \ldots,$$

$$\begin{vmatrix} 1-a_{11} & -a_{12} & \ldots & -a_{1n} \\ -a_{21} & 1-a_{22} & \ldots & -a_{2n} \\ \vdots & \vdots & \ddots & \vdots \\ -a_{n1} & -a_{n2} & \ldots & 1-a_{nn} \end{vmatrix} > 0.$$

Für den Fall mit zwei Sektoren läßt sich unmittelbar eine ökonomische Interpretation angeben. Im Falle einer Input-Output-Matrix ist $a_{ii}=0$ und die Hawkins-Simon-Bedingung hat die Form $1-a_{12}a_{21} > 0$. Dies bedeutet, daß der indirekte Input aus dem

Sektor 1 in die Produktion von 1 über den Sektor 2 nicht den gesamten Output von 1 aufzehrt.

8.4 Eine einfache Arbeitswerttheorie

Die Arbeit als homogene Leistung sei der einzige, von außen in ein offenes Input-Output-System eingehende Input. Der Sektor i benötige pro Einheit seines Outputs nichtnegative Mengen b_i an Arbeit und es sei der Vektor $b'=(b_1,...,b_n)\geq 0$. Der Lohnsatz sei w und der Preisvektor für die Güter des Systems $p'=(p_1,...,p_n)\geq 0$. Setzt man wiederum fest, daß das System im Gleichgewicht weder Gewinne noch Verluste einbringe, dann ist

(1) $$p_j = wb_j + \sum_{i=1}^{n} p_i a_{ij}; \quad j=1,...,n,$$

oder

$$p' = wb' + p'A.$$

Der Preis des j-ten Outputs ist also gleich den Arbeitskosten und den Kosten der übrigen Inputs des Systems. Betrachtet man den Preis des ursprünglichen Faktors Arbeit als „numéraire"[1], so erhält man aus:

$$p'(I-A) = wb'$$

$$\frac{1}{w} p'(I-A) = b',$$

und die Lösung

$$\frac{1}{w} p' = b'(I-A)^{-1}.$$

Aus dem letzten Abschnitt weiß man, daß $(I-A)^{-1} > 0$ und somit eine positive Lösung existiert. Der Vektor p ist dann eine Funktion der Inputmengen an Arbeit. Die Outputs sind nun mit Arbeitseinheiten bewertet.

Die Interpretation von p_i/w als Arbeitswert läßt sich auch unmittelbar aus der Gleichung (1) entnehmen, in der b_j den direkten Arbeitsinput und der zweite Term der Input von Arbeitswert, der in den andern Gütern verkörpert ist, darstellt.

---

[1] Unter einem „numéraire" versteht man eine Einheit, mit der die Preise der übrigen Faktoren ausgedrückt werden.

8.5 Wachstum in einem Input-Output-System

Die Produktion erfordert im allgemeinen Zeit, und es sei deshalb angenommen, daß zwischen Input und Output genau eine Zeiteinheit vergehe. Input und Output sind dann wie folgt verknüpft:

$$x(t) \geqq A x(t+1).$$

Der zur Zeit t verfügbare Output $x(t)$ darf den Input $x(t+1)$, der für den Output der Periode $t+1$ erforderlich ist, nicht unterschreiten.

Das System ist im Gleichgewicht, wenn für jeden Zeitpunkt t gilt:

$$x(t) = A x(t+1).$$

Unter den möglichen Verhaltensweisen des Systems im Laufe der Zeit interessiert insbesondere der Fall des gleichgewichtigen Wachstums. Darunter versteht man einen Outputvektor $x(t)$, dessen Proportionen in der Zeit konstant bleiben:

$$x(t) = f(t)x, \quad \text{mit konstantem } x.$$

Durch Einsetzen in die Bedingung des zeitlichen Gleichgewichts

$$f(t)x = A f(t+1)x$$

erhält man, daß

$$\frac{f(t)}{f(t+1)} = \lambda$$

konstant und ein Eigenwert ist, und daß x der zugehörige Eigenvektor sein muß. Für unzerlegbare Matrizen ist x der einzige semipositive Eigenvektor.

Angenommen, A sei ähnlich einer Diagonalmatrix, und das vollständige System der Eigenvektoren spanne den R^n auf. Sei $v_j, j = 1, \ldots, n$, das System der n Eigenvektoren und $x(t) = \sum_j h_j(t) v_j$ die Darstellung eines gegebenen Vektors $x(t)$ im Koordinatensystem der Eigenvektoren, dann ist

$$x(t-1) = A x(t) = \sum_j \lambda_j h_j(t) v_j$$

$$x(t-2) = A x(t-1) = A^2 x(t) = A \sum_j \lambda_j h_j(t) v_j = \sum_j \lambda_j^2 h_j(t) v_j$$

und endlich

$$x(0) = A x(1) = A^{n-1} \sum_j \lambda_j h_j(t) v_j = \sum_j \lambda_j^n h_j(t) v_j.$$

Jede Frobeniuswurzel $\lambda > 0$ ist dem Betrag nach größer als jeder andere Eigenwert λ_i, $i \neq 1$. Daher ist für große t

$$x(0) \approx \lambda^n h_1(t) v_1,$$

woraus

$$h_1(t) = \left(\frac{1}{\lambda}\right)^n = (1+g)^n$$

folgt. Das System verhält sich asymptotisch wie ein proportional wachsendes System mit der Wachstumsrate $g = \frac{1}{\lambda} - 1$.

8.6 Input-Output-Modelle im Produktionsbetrieb

In diesem Abschnitt soll das Grundmodell der I-O-Analyse auf den Produktionsbetrieb übertragen und zweckmäßig erweitert werden. Der Betrieb sei in Sektoren oder Teilbetriebe, zum Beispiel Abteilungen, gegliedert, die jeweils eine einheitliche Leistung erbringen. Diese werden als Zwischenprodukte in andere Abteilungen weitergegeben oder gelangen auf den Absatzmarkt. Die Teilbetriebe werden auch den sogenannten Aktivitäten gleichgesetzt. Wie in Abschnitt 8.1 seien die technischen Koeffizienten $a_{ij} \geq 0$ die Menge des Inputs i, die pro Einheit der Aktivität j erforderlich ist; x_j ist das Aktivitätsniveau von j oder die im Teilbetrieb j erzeugte Menge. Der Koeffizient c_i ist die exogene Nachfragemenge nach dem Produkt i. In der Technologiematrix A werden die technischen Koeffizienten zusammengefaßt; die $(n \times n)$-Matrix $A = (a_{ij}) \geq 0$ sei unzerlegbar. Die Aktivitätsniveaus $x' = (x_1, \ldots, x_n)$ müssen die Beziehungen

$$(I - A)x = c$$

erfüllen, worin $c' = (c_1, \ldots, c_n)$. Da $A \geq \mathbf{0}$ ist, existiert nach Satz 1, Abschn. 6.4.2, eine Frobeniuswurzel $\lambda > 0$ und falls $\lambda < 1$ ist $(I - A)^{-1}$ eine positive Matrix. Die Differenz $x - c$ ist der Output, der als Halbfabrikat im Betrieb weiterverwendet wird und nicht in den Absatz geht.

Benötigt der Betrieb m verschiedene Produktionsfaktoren, die von ihm auf dem Faktormarkt zu festen Preisen beschafft werden müssen, so sei $b_{kj} \geq 0$ die Inputmenge von Faktor k, die für jede Einheit der Aktivität j benötigt wird. Unter den Produktionsfaktoren möge man alle von außen an den Betrieb fließenden Inputs verstehen; Rohstoffe, Halbfabrikate, Arbeit, auch Nutzleistungen der Kapitalausstattung (Anlagen) und ähnliches. Die Matrix

$B = (b_{kj}) \geq 0$ ist also eine $(m \times n)$-Matrix. Die erforderlichen Faktormengen y_k sind dann gegeben durch

$$y = Bx,$$

mit $y' = (y_1, \ldots, y_m)$. Setzt man für x, falls $\lambda < 1$, die Beziehung $x = (I - A)^{-1} c$ ein, so ist y durch

$$y = B(I - A)^{-1} c$$

von der Nachfrage c abhängig.

Sind die Marktpreise der Produktionsfaktor $r' = (r_1, \ldots, r_m)$, so lassen sich die variablen Kosten durch

$$r'y = r'B(I-A)^{-1}c$$

ausdrücken. Ein Hauptproblem der Kostenrechnung im Betrieb ist die Zurechnung der Kosten der Inputs auf die Endprodukte; man hat also einen Vektor $h' = (h_1, \ldots, h_n)$ zu suchen, der $h \geq 0$ für alle i erfüllt. Eine Lösung von

$$r'y = r'B(I-A)^{-1}c = h'c$$

ergibt sich mit

$$h' = r'B(I-A)^{-1}.$$

Da c ein gegebener Vektor ist, ist dies die einzige Lösung. Der Vektor h gibt die Herstellkosten pro Einheit der Endprodukte oder Stückkosten an. Die tatsächlich anfallenden variablen Kosten sind $h'c$. Diese sind für die abgesetzte Menge eines bestimmten Endproduktes j gleich $h_j c_j$. Werden zum Skalarprodukt $h'c$ noch die Gemeinkosten geschlagen, so erhält man die Selbstkosten.

Die gegebenen Matrizen A und B sowie die Vektoren r und c werden in der Vorkalkulation als sogenannte Sollwerte betrachtet und dienen zur Berechnung der voraussichtlichen Herstellkosten h. Berücksichtigt man noch die Gemeinkosten, so kann man die minimalen Preise festsetzen, zu dem der Betrieb seine Produkte anbieten kann. Liegt dieser für ein Produkt, j, überhalb dem auf dem Markt festgestellten Preis, ist der Betrieb offensichtlich für j nicht konkurrenzfähig. Auf lange Sicht wird die Produktion von j eingestellt werden müssen, kurzfristig kann die Erzeugung solange noch lohnend sein, als der Marktpreis nicht unter h_j liegt, so daß noch ein Deckungsbeitrag an die fixen Kosten (Gemeinkosten) erwirtschaftet werden kann.

Bei der Nachkalkulation stellt man unter Umständen fest, daß die tatsächlichen Kosten von den „geplanten" Kosten abweichen; die sogenannten Ist-Werte sind von den Soll-Werten verschieden.

Dies ist aus mehreren Gründen möglich, sei es, daß die Faktorpreise r, oder die technischen Koeffizienten A, B sich ändern. Die Höhe der gesamten Nachfrage c ist ohnehin zu einem großen Teil dem Einfluß der Unternehmer entzogen. Die Soll-Werte werden mit A, B, c, r und die Ist-Werte mit $\bar{A}$, $\bar{B}$, $\bar{c}$, $\bar{r}$ bezeichnet. Die gesamte Kostenabweichung d als die Differenz zwischen den Ist-Kosten und den Soll-Kosten ist gegeben durch

$$d = \bar{h}'\bar{c} - h'c = \bar{r}'\bar{B}(I-\bar{A})^{-1}\bar{c} - r'B(I-A)^{-1}c.$$

Diese Veränderung ist aus mehreren Komponenten zusammengesetzt. Trifft man die Annahme, nur die Faktorpreise haben sich von r zu $\bar{r}$ verändert, dann ist die daraus erfolgte Kostenabweichung durch

$$\begin{aligned} d_r &= \bar{r}'B(I-A)^{-1}c - r'B(I-A)^{-1}c \\ &= (\bar{r}'-r')B(I-A)^{-1}c \\ &= (\bar{r}'-r')y \end{aligned}$$

gegeben. Die Kostenabweichung ist allein durch die Veränderungen in den Faktorpreisen erklärt. Entsprechend ist die durch den unterschiedlichen Soll- und Ist-Absatz erzeugte Kostenabweichung

$$d_c = h'(\bar{c}-c).$$

Ändern sich auch die Technologie-Koeffizienten a_{ij} und b_{kj}, bei gleichbleibendem Absatz c und gleichen Faktorpreisen r, also von $B(I-A)^{-1}$ zu $\bar{B}(I-\bar{A})^{-1}$, so ist

$$\begin{aligned} d_T &= r'\bar{B}(I-\bar{A})^{-1}c - r'B(I-A)^{-1}c \\ &= r'(\bar{B}(I-\bar{A})^{-1} - B(I-A)^{-1})c. \end{aligned}$$

Beispiel: Gegeben seien

$$A = \begin{pmatrix} 0.2 & 0.8 \\ 0.4 & 0.1 \end{pmatrix}, \quad B = \begin{pmatrix} 0.3 & 0.8 \\ 0.2 & 0.2 \\ 0.4 & 0.5 \end{pmatrix}, \quad c = \begin{pmatrix} 8 \\ 6 \end{pmatrix}, \quad r = \begin{pmatrix} 2 \\ 5 \\ 3 \end{pmatrix}.$$

Hilfsergebnisse:

$$(I-A) = \begin{pmatrix} 0.8 & -0.8 \\ -0.4 & 0.9 \end{pmatrix}, \quad (I-A)^{-1} = \frac{1}{0.4}\begin{pmatrix} 0.9 & 0.8 \\ 0.4 & 0.8 \end{pmatrix} = \begin{pmatrix} 2.25 & 2.0 \\ 1.0 & 2.0 \end{pmatrix}.$$

$$B(I-A)^{-1} = \begin{pmatrix} 1.475 & 2.2 \\ 0.65 & 0.8 \\ 1.4 & 1.8 \end{pmatrix}.$$

Ergebnisse:

Gesamtleistung: $x = (I-A)^{-1} c = \begin{pmatrix} 30 \\ 20 \end{pmatrix}$,

Gesamtbedarf an
Produktionsfaktoren: $y = B(I-A)^{-1} c = \begin{pmatrix} 25 \\ 10 \\ 22 \end{pmatrix}$,

Gesamtkosten der
Produktionsfaktoren: $r'y = 166$,

Herstellkosten: $h' = r' B(I-A)^{-1} = (10.4 \quad 13.8)$,

Gesamtherstellkosten: $h'c = 83.2 + 82.8 = 166$.

Die A, B, c, r seien Soll-Werte im Sinne der Vorkalkulation, und die Ist-Werte der Nachkalkulation seien gegeben durch

$$\bar{A} = A, \quad \bar{B} = \begin{pmatrix} 0.3 & 0.8 \\ 0.2 & 0.5 \\ 0.4 & 0.5 \end{pmatrix}; \quad \bar{c} = \begin{pmatrix} 8 \\ 4 \end{pmatrix}; \quad \bar{r} = \begin{pmatrix} 2 \\ 5 \\ 4 \end{pmatrix},$$

$$\bar{B}(I-\bar{A})^{-1} = \begin{pmatrix} 1.475 & 2.2 \\ 0.95 & 1.4 \\ 1.4 & 1.8 \end{pmatrix},$$

$$\bar{B}(I-\bar{A})^{-1} - B(I-A)^{-1} = \begin{pmatrix} 0 & 0 \\ 0.3 & 0.6 \\ 0 & 0 \end{pmatrix},$$

$$\bar{h}' = \bar{r}' \bar{B}(I-\bar{A})^{-1} = (13.3 \quad 18.6).$$

Die gesamte Kostenabweichung ist

$$d = \bar{h}'\bar{c} - h'c = (13.3 \quad 18.6) \begin{pmatrix} 8 \\ 4 \end{pmatrix} - (10.4 \quad 13.8) \begin{pmatrix} 8 \\ 6 \end{pmatrix}$$

$$= 180.8 - 166 = 14.8.$$

Es ist für die Kostenabweichung als Folge einer

– Faktorpreisänderung: $d_r = (0 \quad 0 \quad 1) \begin{pmatrix} 25 \\ 10 \\ 22 \end{pmatrix} = 22$,

- Nachfrageänderung: $d_c = (10.4 \quad 13.8) \begin{pmatrix} 0 \\ -2 \end{pmatrix} = -27.6$,

- Änderung der Technologie: $d_T = (2 \quad 5 \quad 3) \begin{pmatrix} 0 & 0 \\ 0.3 & 0.6 \\ 0 & 0 \end{pmatrix} \begin{pmatrix} 8 \\ 6 \end{pmatrix} = 30$.

Die Voraussetzung, daß alle Faktoren auf den Märkten in beliebiger Menge ohne Zeitverzug beschafft werden können, entspricht den praktischen Anforderungen in den wenigsten Fällen. Kurzfristig werden die meisten Betriebe mit den vorrätigen Faktormengen auskommen müssen. Kann die gesamte Produktion zu einem festen Preis verkauft werden, so läßt sich die Problemstellung modifizieren. Gegeben sei nun der Vektor $\bar{y}$ als der Vorrat an Produktionsfaktoren, zu bestimmen ist nun der Vektor c, der mit den vorhandenen Faktorvorräten hergestellt werden kann. Es müssen also die Bedingungen

(3) $$B(I-A)^{-1} c \leq \bar{y}$$

beachtet werden. Der Verbrauch an Faktoren darf die verfügbaren Mengen nicht überschreiten. Zudem wird verlangt, daß nur nichtnegative Mengen c der Produkte erzeugt werden, also

(4) $$c \geq 0.$$

Gewöhnlich unterstellt man dem Betrieb, daß er als Zielvorstellung Gewinnmaximierung betreibe. Als für diesen Fall geeignetes Kriterium bietet sich die Maximierung des Deckungsbeitrages an. Es sei $p' = (p_1, \ldots, p_n)$ der Vektor der Absatzpreise, und $h' = (h_1, \ldots, h_n)$ die Herstellkosten; die sogenannte Zielfunktion lautet nun

(5) $$\max z = (p' - h')c.$$

Die Beziehungen (4)–(6) bilden ein sogenanntes lineares Optimierungsproblem, das den Gegenstand des Abschn. 9 darstellt.

Literatur

DORFMAN, R., SAMUELSON, P. A., SOLOW, R.: Linear Programming and Economic Analysis. McGraw-Hill 1958.
LEONTIEF, W. W.: Input-Output-Economics. Oxford Univ. Press 1966.
SCHUMANN, J.: Input-Output-Analyse. Springer 1968.

9. Lineare Optimierung

9.1 Formulierung der Probleme

Die Theorie der linearen Optimierung behandelt Problemstellungen, in denen eine lineare Zielfunktion in n Variablen maximiert, beziehungsweise minimiert werden soll, wobei gleichzeitig ein System von *Restriktionen* oder *Nebenbedingungen* erfüllt werden muß. In wirtschaftlichen Anwendungen wird zumeist auch die Nichtnegativität der Variablen vorausgesetzt. Als Nebenbedingungen werden im folgenden immer Ungleichungen angenommen, da Gleichungen sich immer durch zwei gegengerichtete Ungleichungen darstellen lassen.

Man hat also die Formulierungen:

Maximumproblem:
$$\max z = p_1 x_1 + \cdots + p_n x_n$$

bezüglich der Nebenbedingungen

(1)
$$\begin{aligned} a_{11}x_1 + \cdots + a_{1n}x_n &\leq s_1 \\ \vdots \qquad\qquad \vdots \qquad &\quad \vdots \\ a_{m1}x_1 + \cdots + a_{mn}x_n &\leq s_m, \end{aligned}$$
$$x_1 \geq 0, \ldots, x_n \geq 0,$$

oder

$$\max\left\{ \sum_{j=1}^n p_j x_j \,\bigg|\, \sum_{j=1}^n a_{ij} x_j \leq s_i,\ x_j \geq 0,\ i=1,\ldots,m,\ j=1,\ldots,n \right\}.$$

Minimumproblem:
$$\min u = s_1 w_1 + \cdots + s_m w_m$$

bezüglich

(2)
$$\begin{aligned} a_{11}w_1 + \cdots + a_{m1}w_m &\geq p_1 \\ \vdots \qquad\qquad \vdots \qquad &\quad \vdots \\ a_{1n}w_1 + \cdots + a_{mn}w_m &\geq p_n, \end{aligned}$$
$$w_1 \geq 0, \ldots, w_m \geq 0,$$

oder
$$\min\left\{\sum_{i=1}^{m} s_i w_i \;\middle|\; \sum_{i=1}^{m} a_{ij} w_i \geq p_j,\; w_i \geq 0,\; j=1,\ldots,n,\; i=1,\ldots,m\right\}.$$

Führt man die beiden Probleme in die Matrizenschreibweise über, so lauten sie:

(1) $\max p' x$ (2) $\min w's$
bezüglich   bezüglich
$Ax \leq s$ $A'w \geq p$
$x \geq 0;$ $w \geq 0;$

p und x sind n-Vektoren, w und s m-Vektoren und A ist eine $(m \times n)$-Matrix. Die Vektoren x, beziehungsweise w werden auch als Entscheidungsvariable bezeichnet. Für diese beiden Problemstellungen sind nun Lösungen zu finden und falls solche existieren, die Optimalitätskriterien anzugeben. Schließlich hat man noch effiziente Lösungsverfahren zu entwickeln. Die Ungleichungssysteme in (1) und (2) werden für die nächsten Untersuchungen in Gleichungssysteme übergeführt, indem nichtnegative Variable, sogenannte *Schlupfvariable* $y_1,\ldots,y_m \geq 0$, beziehungsweise $v_1,\ldots,v_n \geq 0$ eingeführt werden, so daß

$$\sum_{j=1}^{n} a_{ij} x_j + y_i = s_i, \quad i=1,\ldots,m,$$

beziehungsweise

$$\sum_{i=1}^{m} a_{ij} w_i - v_j = p_j, \quad j=1,\ldots,n,$$

gilt.

Bezeichnet man mit y, beziehungsweise v die mit den Schlupfvariablen erweiterten Vektoren x und w, also

$$y' = (x_1,\ldots,x_n,\, y_1,\ldots,y_m)$$
$$v' = (w_1,\ldots,w_m,\, v_1,\ldots,v_n)$$

und mit

$$B = (A \vdots I_m), \quad C = (A' \vdots -I_n),$$

dann lauten (1) und (2) in Gleichungsform

(1 a) $\max \{p'y \mid By = s,\; y \geq 0\}$

sowie

(2 a) $\min \{v's \mid Cv = p,\; v \geq 0\};$

die Vektoren p und s werden in geeigneter Weise mit einem Nullvektor erweitert; $p' = (p_1, \ldots, p_n, 0, \ldots, 0)$, $s' = (s_1, \ldots, s_m, 0, \ldots, 0)$. Treten in einer Lösung y oder v auch positive Schlupfvariable auf, dann haben diese auf die Zielfunktion keinen Einfluß.

Beispiel: Gegeben sei das Maximumproblem

$\max z = 9x_1 + 12x_2$

bezüglich

a) $x_1 + 2x_2 \leq 16$,
b) $x_1 + x_2 \leq 10$,
c) $x_1 \leq 7$,
$x_1 \geq 0, \quad x_2 \geq 0$.

Zeichnet man die Restriktionen in einem zweidimensionalen Koordinatensystem ein, so beschreibt jede eine Halbebene.

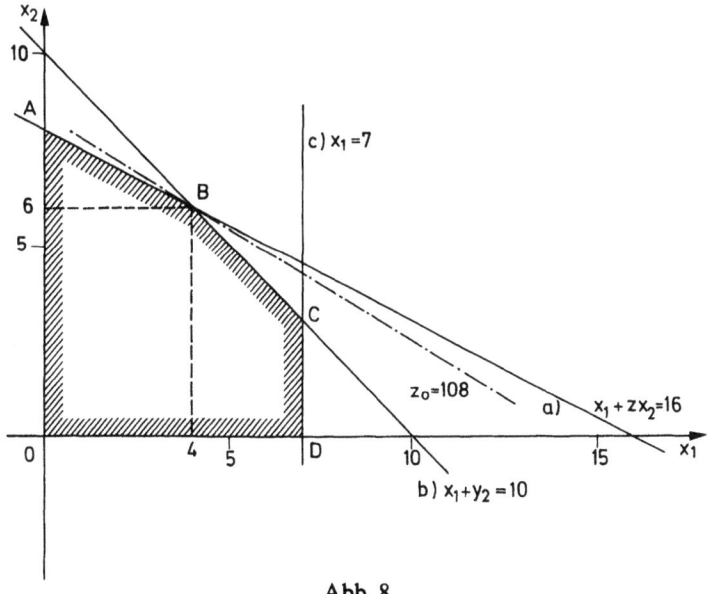

Abb. 8

Sind die Restriktionen a)–c) als Gleichungen erfüllt, so lassen sie sich als Gerade darstellen (Abb. 8). Jeder Punkt (x_1, x_2), der links oder unterhalb einer dieser Geraden liegt, erfüllt die betreffende Ungleichung. Liegt er noch im positiven Quadranten, dann erfüllt er auch die Nichtnegativitätsbedingungen $x_1 \geq 0$ und $x_2 \geq 0$. Ein Punkt, der im Innern des durch die Ecken $0ABCD$ bezeichneten

Bereiches liegt, heißt ein zulässiger Punkt, da alle Restriktionen, a)–c) und $x_1 \geq 0$, $x_2 \geq 0$, zugleich erfüllt sind. Für gegebene Werte von z läßt sich die Zielfunktion ebenfalls als Gerade darstellen; man erhält für verschieden große Werte von z eine Kurvenschar. Der maximale Wert $z = 9x_1 + 12x_2$ ist so zu wählen, daß x_1 und x_2 die Restriktionen erfüllen. Man hat also aus der Menge der zulässigen Punkte denjenigen herauszugreifen, der auf der z-Geraden liegt. Aus der Zeichnung ist ersichtlich, daß dies nur auf den Begrenzungsgeraden $ABCD$ des zulässigen Bereiches sein kann; jeder innere Punkt würde einen kleineren Wert für z ergeben. Die Gerade z_0 der Zielfunktion hat in der Ecke B einen gemeinsamen Punkt mit dem zulässigen Bereich, nämlich $x_1 = 4$ und $x_2 = 6$ sowie $z_0 = 108$. Für links von z_0 liegende Punkte ist z kleiner, für $z > z_0$ liegen die Punkte außerhalb des zulässigen Bereiches. Die optimale Lösung ist in diesem Beispiel eindeutig.

Da das Optimum stets in einer Ecke liegt, kann man sich also darauf beschränken, alle Ecken zu untersuchen und diejenige, die den größten Wert der Zielfunktion ergibt, als Optimum herausgreifen. Da bei Problemen mit vielen Restriktionen und Variablen die Eckenzahl sehr groß wird, ist ein Rechenverfahren zweckmäßig, das erlaubt, nicht alle möglichen Ecklösungen untersuchen zu müssen, um die Optimallösung zu finden.

9.2 Optimalitätskriterium

a) Das Maximumproblem

(1 a) $$\max \{p' y \,|\, B y = s,\ y \geq 0\}$$

hat eine Lösung y, wenn $Ax = s$. Die Lösung x heißt zulässig, wenn $Ax \leq s$, beziehungsweise $By = s$. Hat eine zulässige Lösung y die Eigenschaft, daß in ihr von den $n+m$ Komponenten mindestens n gleich null sind, so heißt sie *zulässige Basislösung* oder kurz Basislösung. Es sei $\mathring{y}$ eine Basislösung, in der die letzten n Komponenten verschwinden

$$\mathring{y}' = (\mathring{y}_1', \mathring{y}_2') \quad \text{mit} \quad \mathring{y}_2' = 0\,;$$

entsprechend sei $B = (B_1, B_2)$.

Das Gleichungssystem

$$B_1 y_1 + B_2 y_2 = s$$

wird durch die Basislösung $(\mathring{y}_1, \mathring{y}_2) = 0$ gelöst.

Allgemein gilt nun: Falls $|B_1| \neq 0$, so kann man nach $\mathring{y}_1$ auflösen und erhält

$$\mathring{y}_1 = B_1^{-1} s - B_1^{-1} B_2 \mathring{y}_2.$$

Sind alle $(m \times m)$-Teilmatrizen von B regulär, dann nennt man die Matrix B nichtsingulär.

Werden im Vektor $p = (p_1, \ldots, p_n, 0, \ldots, 0)$ die Elemente in zu $\mathring{y}_1$ und $\mathring{y}_2$ passender Weise neu gruppiert, so daß sich

$$z = p' \mathring{y} = p'_1 \mathring{y}_1 + p'_2 \mathring{y}_2$$

schreiben läßt, kann man das obige Ergebnis für $\mathring{y}_1$ einsetzen:

$$\begin{aligned} p' \mathring{y} &= p'_1 (B_1^{-1} s - B_1^{-1} B_2 \mathring{y}_2) + p'_2 \mathring{y}_2 \\ &= p'_1 B_1^{-1} s + (p'_2 - p'_1 B_1^{-1} B_2) \mathring{y}_2. \end{aligned}$$

Der Vektor $\mathring{y}$ sei Optimallösung des Problems (1 a), $p' \mathring{y}$ sei also maximal. Es darf also keinen Vektor $\mathring{y}_2$ geben, der die Zielfunktion weiter vergrößert. Ist $p'_2 - p'_1 B_1^{-1} B_2 > 0$, so wäre eine Vergrößerung von $p' \mathring{y}$ durch einen Vektor $y_2 > \mathring{y}_2$ immer möglich. Am Optimalpunkt muß also

$$p'_2 - p'_1 B_1^{-1} B_2 \leq 0$$

gelten. Diese Beziehung wird als *Simplex-Kriterium* für die Errechnung des Optimalpunktes bezeichnet. Besteht das Gleichheitszeichen, so ist der Vektor p von der Matrix B linear abhängig, da $p_2 = p_1 B_1^{-1} B_2$. Schließt man diesen Fall aus, so kann $p'_2 < p'_1 B_1^{-1} B_2$ nur dann erfüllt sein, wenn $\mathring{y}_2 = 0$. Hat also die $(m \times m)$-Matrix B_1 den vollen Rang m, so sind in der Basislösung eines linearen Optimierungsproblems m Basisvariablen verschieden von null und die übrigen n Veränderlichen sind gleich null. Aber auch im Falle des Gleichheitszeichens im Simplexkriterium kann man $\mathring{y}_2 = 0$ setzen, ohne den Wert der Zielfunktion zu ändern.

b) Für das Minimumproblem

$$\min \{ v' s \mid C v = p, \, v \geq 0 \}$$

läßt sich das Simplexkriterium

$$s'_2 - s'_1 C_1^{-1} C_2 \geq 0$$

entsprechend herleiten. Wiederum sei vorausgesetzt, daß C_1 regulär sei. Die in der Basis stehenden n Komponenten des Vektors v sind ungleich null und die übrigen m größer null.

9.3 Simplex-Methode

9.3.1 Simplex-Algorithmus

Der von G. B. DANTZIG entwickelte *Simplex-Algorithmus* hat sich in sehr vielen Fällen als leistungsfähiges Rechenverfahren für die Lösung von linearen Optimierungsproblemen erwiesen.

Für die Darstellung der Simplex-Methode sei vom Maximumproblem (1 a) ausgegangen, in dem die Schlupfvariablen bereits eingeführt sind:

$$\max\{p' y \mid By = s,\ y \geq 0\}$$

oder

$$\max \sum_{j=1}^{n+m} p_j y_j$$

bezüglich

(1 a)
$$\sum_{j=1}^{n} b_{ij} x_j + y_i = s_i \quad i=1,\ldots,m.$$
$$x_j \geq 0 \quad j=1,\ldots,n.$$
$$y_i \geq 0 \quad i=1,\ldots,m.$$

Zuerst ist eine erste Basislösung zu suchen. Sind alle $s_i > 0$, $i=1,\ldots,m$, so ist es zweckmäßig, alle Variablen x_j, $j=1,\ldots,n$ gleich null zu setzen, so daß die Schlupfvariablen y_i, $i=1,\ldots,m$ die erste Basis bilden. Das Gleichungssystem wird jetzt nach diesen Basisvariablen aufgelöst:

(3) $$y_i = s_i + \sum_{j=1}^{n} b_{ij}(-x_j) \geq 0, \quad i=1,\ldots,m.$$

Bezeichnet man den Wert der Zielfunktion für diese Basislösung mit z_0, so ist

$$z_0 = \sum_{i=1}^{m} p_{n+i} y_i = \sum_{i=1}^{m} p_{n+i} s_i = 0,$$

da nach Voraussetzung $p_{n+i} = 0$, $i=1,\ldots,m$.

Setzt man den Ausdruck (3) in die Zielfunktion ein, so erhält man

(4)
$$\begin{aligned}
z &= \sum_{j=1}^{n} p_j x_j + \sum_{i=1}^{m} p_{n+i} y_i \\
&= \sum_{j=1}^{n} p_j x_j + \sum_{i=1}^{m} p_{n+i} s_i + \sum_{i=1}^{m} \sum_{j=1}^{n} p_{n+i} b_{ij}(-x_j) \\
&= z_0 + \sum_{j=1}^{n} \left(\sum_{i=1}^{m} b_{ij} p_{n+i} - p_j \right)(-x_j) \\
&= z_0 + \sum_{j=1}^{n} a_j (-x_j)
\end{aligned}$$

wobei

$$a_j = \sum_{i=1}^{m} b_{ij} p_{n+i} - p_j.$$

Die sogenannten *Bewertungskoeffizienten* a_j stellen die Koeffizienten der Zielfunktion dar, wenn diese als Funktion der Nichtbasisvariablen geschrieben wird.

Im folgenden wird $\sum_{i=1}^{m} b_{ij} p_{n+i} = z_j$ gesetzt, so daß $a_j = z_j - p_j$.

Das Gleichungssystem (3) wird nun zusammen mit der Zielfunktion durch das folgende Tableau dargestellt:

Tableau

p			p_1	p_2	$\cdots$	p_n	
	Basis	Lösung s_i	$-x_1$	$-x_2$	$\cdots$	$-x_n$	$\dfrac{s_a}{b_{ae}}$
0	y_1	s_1	b_{11}	b_{12}	$\cdots$	b_{1n}	
0	y_2	s_2	b_{21}	b_{22}	$\cdots$	b_{2n}	
$\vdots$	$\vdots$	$\vdots$	$\vdots$	$\vdots$		$\vdots$	
0	y_m	s_m	b_{m1}	b_{m2}	$\cdots$	b_{mn}	
$z=0$		z_j:	0	0	$\cdots$	0	
		a_j:	a_1	a_2	$\cdots$	a_n	

Aus dem Tableau entnimmt man, daß die erste zulässige Basislösung durch die Basisvariablen

$$y_1 = s_1, \quad y_2 = s_2, \ldots, y_m = s_m$$

und die Nichtbasisvariablen

$$x_1 = x_2 = \cdots = x_n = 0,$$

mit $z = z_0 = 0$ gegeben ist.

a) In einem ersten Schritt hat man nun zu prüfen, ob diese Lösung bereits optimal ist. Dazu berechnet man für jede Nichtbasisvariable die angegebenen Bewertungskoeffizienten. Sind alle positiv, so ist die optimale Lösung erreicht. Dies läßt sich unmittelbar einsehen, wenn man die Koeffizienten b_{ij} als die Elemente der Matrix $B_1^{-1} B_2$ des Simplex-Kriteriums einsetzt.

Sind einzelne a_j negativ, so ist diese Lösung noch nicht optimal und die Bewertungsgrößen geben dabei an, um wieviele Einheiten sich die Zielfunktion vergrößert, wenn die Nichtbasisvariable x_j von 0 auf 1 vergrößert wird, nämlich gerade um $|-a_j|$. Man wählt als die in die Basis eintretende Variable x_e diejenige, die den größten Zuwachs pro Einheit in der Zielfunktion ergibt, also

$$|-a_e| = \max\{|-a_j|, j=1,\ldots,n\}.$$

b) Die aus der Basis auszuscheidende Variable y_a ist so zu bestimmen, daß keine der neuen Basisvariablen negativ wird. Man will x_e möglichst groß, ohne daß Restriktionen verletzt werden, insbesondere auch die Nichtnegativitätsbedingungen. Man hat zu diesem Zweck die Quotienten $\dfrac{s_i}{b_{ie}}$ für alle $b_{ie} > 0$ zu bilden und denjenigen herauszugreifen, für den

$$\frac{s_a}{b_{ae}} = \min\left\{\frac{s_i}{b_{ie}}, \ i=1,\ldots,m, \ b_{ie} > 0\right\}$$

ist. Das Element b_{ae} wird Pivotelement bezeichnet, die a-te Zeile Pivotzeile und die e-te Spalte Pivotspalte.

c) Der Eintritt von x_a an die Stelle von y_e in die Basis kann als Variablenaustausch aufgefaßt werden. Das neue Tableau läßt sich mit Hilfe des Austauschverfahrens, Abschn. 4.3.4, Regeln 1–4, errechnen. Im neuen Tableau hat man wiederum nach a)–c) vorzugehen. Man führt solange Tableautransformationen durch, bis das Simplex-Kriterium erfüllt ist. Man kann zeigen, daß man mit diesem Verfahren in endlich vielen Austauschschritten das Optimum erhalten kann.

Das durch die Regeln a), b) und c) beschriebene Verfahren wird als Iteration oder Austauschschritt des Simplex-Algorithmus bezeichnet.

9.3.2 Beispiel zum Simplex-Algorithmus

In dem im Abschnitt 9.1.1 formulierten Beispiel werden nun die Restriktionen mit den Schlupfvariablen y_1, y_2 und y_3 in Gleichungen übergeführt:

$$\begin{aligned} y_1 &= 16 - x_1 - 2x_2, \\ y_2 &= 10 - x_1 - x_2, \\ y_3 &= 7 - x_1. \end{aligned}$$

Die Zielfunktion lautete

$$\max z = 9x_1 + 12x_2 + 0 \cdot y_1 + 0 \cdot y_2 + 0 \cdot y_3$$

Das obige Gleichungssystem kleidet man in das Tableau I ein, wobei die Vorzeichen der Variablen x_1, x_2 in die Kopfspalte gesetzt werden.

Tableau I

p			9	12	
	Basis	Lösung s_i	$-x_1$	$-x_2$	$\dfrac{s_a}{b_{ae}}$
0	$y_1 =$	16	1	②	8 →
0	$y_2 =$	10	1	1	10
0	$y_3 =$	7	1	0	.
$z = 0$		z_j:	0	0	
		a_j:	-9	-12	

↑

In diesem Beispiel kann man sofort eine erste zulässige Basislösung festsetzen, nämlich $y_1 = 16$, $y_2 = 10$, $y_3 = 7$ und $x_1 = x_2 = 0$. Der Wert der Zielfunktion der trivialen Basislösung ist $z = 0$. Die einzelnen Rechenschritte sind nun wie folgt auszuführen:

a) Es ist zu prüfen, ob das Simplex-Kriterium erfüllt ist. Man berechnet die Bewertungskoeffizienten

$$z_j - p_j = a_j, \quad j = 1, \ldots, n.$$

Im Beispiel sind beide Werte $a_j < 0$, nämlich $a_1 = -9$ und $a_2 = -12$. Man kann also x_1 oder x_2 als neue Variable in die Basis nehmen. Als die *eintretende* Variable x_e wird x_2 bestimmt, da $|-a_2| > |-a_1|$.

b) Als nächstes hat man über die aus der Basis zu eliminierende Variable zu befinden. Die s_i geben die Lösung für die Basisvariablen an. Man bildet die Quotienten $\dfrac{s_i}{b_{ie}}$ für alle $b_{ie} > 0$ und greift den kleinsten heraus. In Tableau I ist dies y_1, da der Koeffizient $\dfrac{s_1}{b_{12}} = 8$ minimal ist. Das Element $b_{ae} = b_{12}$ ist also *Pivotelement*.

c) Der Eintritt von x_2 an die Stelle von y_1 erfordert eine Tableautransformation, die sich mit Hilfe des Austauschverfahrens durchführen läßt. Das Ergebnis ist das Tableau II; die Zielfunktion hat sich auf $z = 84$ verbessert.

Tableau II

p			9	0	
	Basis	Lösung s_i	$-x_1$	$-y_1$	$\frac{s_a}{b_{ae}}$
12	$x_2 =$	8	$\frac{1}{2}$	$\frac{1}{2}$	16
0	$y_2 =$	2	$(\frac{1}{2})$	$-\frac{1}{2}$	4 $\longrightarrow$
0	$y_3 =$	7	1	0	7
	$z = 84$	z_j:	6	6	
		a_j:	-3	6	
			$\uparrow$		

Die Optimalitätsprüfung zeigt, daß dieses Tableau noch nicht optimal ist. Der Austausch von x_1 gegen y_2 führt auf das Tableau III, mit $z = 108$.

Tableau III

p			0	0	
	Basis	Lösung s_i	$-y_2$	$-y_1$	$\frac{s_a}{b_{ae}}$
12	x_2	6	-1	1	
9	x_1	4	2	-1	
0	y_3	3	-2	1	
	$z = 108$	z_j:	6	3	
		a_j:	6	3	

Dieses Tableau ist optimal, da alle $a_j > 0$. Die Werte für die Variablen sind $x_1 = 4$, $x_2 = 6$, $y_1 = y_2 = 0$ und $y_3 = 3$. Die beiden ersten Restriktionen des Beispiels sind prall, nämlich als Gleichungen, erfüllt, während die dritte Restriktion nicht voll ausgeschöpft wird.

Verfolgt man die Iterationsschritte in der Abb. 8, so ist die Anfangslösung der Koordinatenursprung. Die Lösung des Tableau I, $x_1 = 0$ und $x_2 = 8$, wird durch die Ecke A dargestellt und die optimale Lösung liegt im Punkt B. Der Ablauf des Rechenverfahrens kann geometrisch als Kantenzug von 0 nach A, und von A nach B verstanden werden.

Der Simplex-Algorithmus wurde hier für ein Maximumproblem, bei dem alle Restriktionen in derselben Richtung gehen, dargestellt. Beim Minimumproblem ist nicht nur das Simplex-Kriterium zu ändern, die Bewertungskoeffizienten sind nun im optimalen Tableau alle nichtpositiv, sondern es ist auch noch eine Anfangsbasislösung zu finden, da im allgemeinen der Nullpunkt nicht mehr zum zulässigen Bereich zu gehören braucht. Dies kann auch bei Maximumaufgaben mit verschieden gerichteten Ungleichungen auftreten. Läßt man die Voraussetzung, daß die Vektoren linear unabhängig sind, fallen, erhält man das Problem der Degeneration einer Basislösung, der Rang von B_1 ist dann nicht mehr gleich der Anzahl der Reihen.

Die Verfahren zur Bestimmung einer ersten zulässigen Basislösung und die Beseitigung der Degeneration werden hier übergangen und es sei auf die Literatur verwiesen[1].

Werden über die Entscheidungsvariablen x, beziehungsweise w noch weitere Restriktionen gesetzt, so daß sie nur bestimmte Werte, insbesondere ganzzahlige, annehmen dürfen, erhält man eine große Klasse von Optimierungsproblemen, die in praktischen Anwendungen sehr häufig anzutreffen sind. In der *ganzzahligen linearen Optimierung* werden auch andere Rechenverfahren als der Simplex-Algorithmus verwendet. Eine allgemeinere Formulierung ist die *nichtlineare (konvexe) Optimierung*, bei der in der Zielfunktion und in den Restriktionen auch nichtlineare, insbesondere konvexe Ausdrücke auftreten können.

9.4 Dualität

Gegeben seien zwei Probleme, die aus denselben Koeffizienten aufgebaut sind. Sie werden als primal beziehungsweise als dual bezeichnet:

	Primal: $\max p'x$		Dual: $\min w's$
(1)	$Ax \leq s$	(2)	$A'w \geq p$
	$x \geq 0$		$w \geq 0$.

---

[1] KÜNZI, H.P., KRELLE, W.: Einführung in die mathematische Optimierung. Zürich 1969.

Die grundlegenden Beziehungen zwischen dem primalen und dualen Problem werden durch die folgenden Sätze ausgedrückt.

Satz 1: Sind x und w zulässige Vektoren, dann gilt
$$p'x \leq w's.$$

Beweis: Aus dem Restriktionssystem folgt unmittelbar:
$$p \leq A'w$$
$$p' \leq w'A$$
$$p'x \leq w'Ax,$$
und aus $Ax \leq s$ erhält man durch Linksmultiplikation $w'Ax \leq w's$ und somit
$$p'x \leq w'Ax \leq w's$$
und
$$p'x \leq w's. \quad \square$$

Satz 2: Sind die Vektoren $\mathring{x}$ und $\mathring{w}$ zulässig, und gilt
$$p'\mathring{x} = \mathring{w}'s,$$
dann sind sie optimal.

Beweis: Für alle zulässigen Vektoren x folgt aus Satz 1
$$p'\mathring{x} = \mathring{w}'s \geq p'x$$
und für alle zulässigen Vektoren w ist ebenfalls
$$w's \geq p'\mathring{x} = \mathring{w}'s. \quad \square$$

Satz 3 (Dualitätssatz): Existieren für die Restriktionssysteme
$$Ax \leq s, \quad x \geq 0 \quad \text{und} \quad A'w \geq p, \quad w \geq 0$$
Vektoren x und w, so daß sie erfüllt werden, dann gibt es optimale Vektoren $\mathring{x}$ und $\mathring{w}$ mit den Bedingungen $p'\mathring{x} = \mathring{w}'s$.

Der Beweis der Konsistenz der beiden Systeme erfordert tiefere mathematische Überlegungen, die hier nicht vorausgesetzt werden können.

Satz 4: Ein zulässiger Vektor $\mathring{x}$ ist dann und nur dann Lösung des primalen Problems, wenn ein zulässiger Vektor $\mathring{w}$ existiert und die folgenden Beziehungen gelten:

$$\text{Ist} \begin{cases} \mathring{x}_j > 0 \\ \mathring{x}_j = 0 \end{cases}, \text{ so } \begin{cases} \sum_{i=1}^{m} a_{ij} \mathring{w}_i = p_j \\ \sum_{i=1}^{m} a_{ij} \mathring{w}_i > p_j \end{cases}, \quad j = 1, \ldots, n.$$

Ist $\begin{cases} \mathring{w}_i > 0 \\ \mathring{w}_i = 0 \end{cases}$, so $\begin{cases} \sum_{j=1}^{n} a_{ij} \mathring{x}_j = s_i \\ \sum_{j=1}^{n} a_{ij} \mathring{x}_j < s_i \end{cases}$, $i = 1, \ldots, m$.

Beweis: Für die beiden dualen Probleme folgt

$$\mathring{w}' A \mathring{x} \geq p' \mathring{x} = \mathring{w}' s \geq \mathring{w}' A \mathring{x}$$

und

$$(p' - \mathring{w}' A) \mathring{x} = \mathring{w}'(s - A \mathring{x}) = 0.$$

Der Ausdruck $(p' - w' A)x$ verschwindet dann und nur dann für alle Indices $j = 1, \ldots, n$, wenn in $\left(p_j - \sum_{i=1}^{m} a_{ij} w_i \right) x_j$ entweder $x_j = 0$ oder $p_j - \sum_{i=1}^{m} a_{ij} w_i = 0$. Aus den Restriktionen erhält man unmittelbar für $x_j > 0$ $p_j < \sum_{i=1}^{m} a_{ij} w_i$. Entsprechend läßt sich der zweite Teil des Beweises durchführen. □

9.5 Betriebsplanungsmodelle

Ein Musterbeispiel für ein lineares Optimierungsproblem ist das Produktionsplanungsmodell eines Betriebs, in dem aus m verschiedenen Produktionsfaktoren n Produkte erzeugt werden.

Es sei:
- x_j die zu erzeugende Menge des Produkts j, auch als Aktivitätsniveau des Produktionsprozesses j bezeichnet,
- s_i die Kapazitätsgrenze oder die verfügbare Menge des Produktionsfaktors i,
- a_{ij} der feste technische Koeffizient, der den Bedarf an Faktor i pro Einheit der Aktivität j angibt,
- p_j der Nettogewinn pro Einheit des Produktes j,
- w_i die unbekannte Rente oder der Effizienzpreis für den Faktor i.

Nimmt man an, die ganze Produktion könne zu gegebenen Marktpreisen abgesetzt werden, so hat man über die zu erzeugenden Mengen x_j zu entscheiden. Die x_j werden deshalb auch als Entscheidungsvariable des Betriebsplanungsmodells bezeichnet. Sie sollen so bestimmt werden, daß der Nettogewinn maximiert wird. Das Modell ist also:

$$\max \sum_{j=1}^{n} p_j x_j$$

bezüglich

(1) $$\sum_{j=1}^{n} a_{ij}x_j \leq s_i, \quad i=1,\ldots,m,$$
$$x_j \geq 0, \quad j=1,\ldots,n,$$

oder entsprechend: $\max\{p'x | Ax \leq s, x \geq 0\}$.

Der Verbrauch an Produktionsfaktoren in allen Aktivitäten darf die vorrätige Menge nicht überschreiten.

Die optimale Lösung $\mathring{x}$ hat dem Simplex-Kriterium zu genügen und erfüllt insbesondere die Sätze 1–4 des Abschn. 9.4. Danach gibt es zum primalen Maximumproblem ein duales Minimumproblem mit den Effizienzpreisen als den Variablen:

(2) $$\min \sum_{i=1}^{m} w_i s_i$$

bezüglich

$$\sum_{i=1}^{m} a_{ij}w_i \geq p_j, \quad j=1,\ldots,n,$$
$$w_i \geq 0, \quad i=1,\ldots,m,$$

oder $\min\{w's | w'A \geq p, w \geq 0\}$,

mit der Eigenschaft $p'\mathring{x} = \mathring{w}'s$. Für jede Nebenbedingung, die im optimalen primalen Programm als Gleichungen erfüllt ist, $\sum_{j=1}^{n} a_{ij}\mathring{x}_j = s_i$, gibt es einen Effizienzpreis $\mathring{w}_i \geq 0$. Sind verfügbare Kapazitäten s_i nicht voll ausgeschöpft, $\sum_{j=1}^{n} a_{ij}\mathring{x}_j < s_i$, dann ist $\mathring{w}_k = 0$. Für jeden voll verwendeten Produktionsfaktor, der somit ein knappes Gut ist, existiert ein positiver Preis, während überschüssige Güter keinen positiven Preis aufweisen.

Im dualen Problem bestehen für die optimalen $\mathring{w}_i$ die Beziehungen

$$\sum_{i=1}^{m} a_{ij}\mathring{w}_i = p_j, \quad j=1,\ldots,n,$$

wenn $x_j > 0$.

In der in Abschn. 9.2 eingeführten Schreibweise geht diese Beziehung über in $\mathring{w}'B_1 = p'$ beziehungsweise $\mathring{w}' = p'B_1^{-1}$. Mit Hilfe der Effizienzpreise als duale Variable werden die Erlöse p_j vollständig im Verhältnis $\mathring{w}_1,\ldots,\mathring{w}_m$ auf die Produktionsfaktoren zugerechnet. Die $\mathring{w}_i$ geben die Grenzproduktivitäten der Faktoren an;

sie sind die Zuwachsrate des Gewinns pro zusätzlicher Einheit des betreffenden Faktors. Sie sind damit zugleich die Nachfragepreise für die Faktoren. Die an ein Modell der linearen Optimierung gestellten Voraussetzungen entsprechen also den Bedingungen der vollständigen Konkurrenz.

Beispiel: Die Werte für die dualen Variablen $\hat{w}_i$ lassen sich im Beispiel des Abschn. 9.3.2 aus dem Simplex-Tableau III entnehmen; sie stehen in der Zeile der a_j, nämlich $\hat{w}' = p' B_1^{-1}$, es sind also $w_1 = 3$, $w_2 = 6$ und $w_3 = 0$.

Ein verwandtes Produktionsmodell ist durch das folgende Beispiel gegeben: Eine Firma erzeugt n verschiedene Produkte, von denen sie die Mengen $b_j, j = 1, \ldots, n$, zu liefern hat. Zur Erzeugung einer Produkteinheit von j wird vom Faktor i die Menge a_{ij} benötigt. Die Faktorpreise sind r_i. Das Problem besteht darin, ein Produktionsprogramm $(u_1, \ldots, u_m)$ zu finden, das mit minimalen Kosten die Lieferung der bestellten Mengen sicherstellt:

(3)
$$\min \sum_{i=1}^{m} r_i u_i$$
$$\sum_{i=1}^{m} a_{ij} u_i \geq b_j, \quad j = 1, \ldots, n,$$
$$u_i \geq 0, \quad i = 1, \ldots, m.$$

Dieses Produktionsproblem stellt ein Gegenstück zum vorigen Modell dar, wobei man erkennen kann, daß es nicht das duale Problem darstellt, obwohl dieselben Technologiekoeffizienten a_{ij} auftreten. In diesem letzten Problem sind keine Restriktionen über die Produktionsfaktoren vorhanden. Im folgenden Modell treten zwei Arten von Restriktionen auf.

Im Produktionsmodell (1) soll jede Aktivität wenigstens Bestellmengen von b_j decken können. Ist der Nettogewinn zu maximieren, so sind im Modell (1) noch weitere Restriktionen erforderlich:

bezüglich
$$\max \sum_{j=1}^{n} p_j x_j$$

(4)
$$\sum_{j=1}^{n} a_{ij} x_j \leq s_i, \quad i = 1, \ldots, m$$

und
$$x_j \geq b_j \geq 0, \quad j = 1, \ldots, n.$$

Die Modelle (1)–(4) behandeln die Produktion recht allgemein und nur unter Annahme von fixen technischen Koeffizienten. In der Praxis hat man viele Modelle entwickelt, die die besondere Struktur von Produktionsprozessen in verschiedenen Industrien angemessen berücksichtigen. Darüber hinaus gibt es Standardmodelle für typische Teilbereiche in Produktionsbetrieben, wie zum Beispiel für Mischungsprobleme, Lagerung, Transport, sowie für Probleme, die die Anpassung der Produktion im Laufe der Zeit bewältigen sollen, etwa durch Produktion auf Lager oder mit Überzeitarbeit, durch Einstellen und Entlassen von Arbeitern, durch Umschulen von Arbeitern, durch Erweiterung oder Abbau der Produktionsanlagen.

Es soll noch auf eine weitere interessante Klasse von linearen Optimierungsproblemen eingegangen werden.

Im Unterschied zur bisher angenommenen verbundenen Produktion soll jeder Prozeß nur ein einziges Gut hervorbringen können; verschiedene Prozesse sind aber für die einzelnen Güter nicht gleich geeignet. Die Produktionskosten des Gutes j mit dem Prozeß k seien c_{jk}. Es liegen Aufträge für die Produktmengen b_j vor. Die Entscheidungsvariable sei x_{jk} als die Menge des Gutes j, die mit dem Prozeß k hergestellt wird. Das Modell lautet:

(5) $$\min \sum_{j=1}^{n} \sum_{k=1}^{m} c_{jk} x_{jk}$$

bezüglich

(6) $$\sum_{k=1}^{m} x_{jk} \geq b_j, \quad j=1,\ldots,n,$$

(7) $$x_{jk} \geq 0, \quad j=1,\ldots,n, \quad k=1,\ldots,m.$$

Sind auch die Kapazitäten der Prozesse beschränkt, nämlich

(8) $$\sum_{j=1}^{n} x_{jk} \leq h_k,$$

dann ist das Problem lösbar, wenn die gesamte Kapazität für das Produktionsprogramm ausreicht:

(9) $$\sum_{k=1}^{m} h_k \geq \sum_{j=1}^{n} b_j.$$

Eine Aufgabe des Typs (5)–(9) wird Transportproblem genannt, da seine mathematische Formulierung auf die folgende Problemstellung zurückgeht: Von n Ausgangsorten j sollen wenigstens b_j Mengeneinheiten eines Gutes nach m Zielorten k transportiert werden, bei denen Mengen von h_k erforderlich sind. Es soll eine optimale Zuordnung der verfügbaren Mengen an den Ausgangsorten auf die erforderlichen Mengen an den Zielorten vorgenommen werden, so daß die gesamten Transportkosten minimal werden.

In dieser Art ist das Transportproblem von historischer Bedeutung, da es als eines der ersten linearen Optimierungsprobleme angesehen werden kann, das gelöst worden ist.

Sind im Transportproblem die Koeffizienten h_k und b_j alle gleich eins, so entsteht der Spezialfall des Zuweisungsproblems (assignment problem); faßt man das Beispiel (5)–(9) als "Assignment"-Problem auf, so sollen die n Güter auf die m Maschinen so verteilt werden, daß die Gesamtkosten minimal werden:

$$\min \sum_{j=1}^{n} \sum_{k=1}^{m} c_{jk} x_{jh}$$

$$\sum_{k=1}^{m} x_{jk} \geq 1, \quad j=1,\ldots,n,$$

$$\sum_{j=1}^{n} x_{jk} \leq 1, \quad k=1,\ldots,m,$$

$$n \leq m.$$

Eine andere und häufig anzutreffende Anwendung besteht in der Zuweisung von n Personen auf n Arbeitsplätze. Die Eignung der Person i für den Arbeitsplatz j sei durch die Zahl b_{ij} ausgedrückt. Bedeuten die b_{ij} zum Beispiel die Grenzproduktivität der Person i für die Arbeit j, dann entsteht das Maximumproblem:

$$\max \sum_{i=1}^{n} \sum_{j=1}^{n} b_{ij} x_{ij}$$

$$\left. \begin{array}{l} \sum_{i=1}^{n} x_{ij} = 1 \\ \sum_{j=1}^{n} x_{ij} = 1 \\ x_{ij} \geq 0 \end{array} \right\} \quad i,j=1,\ldots,n.$$

Für jede ökonomisch sinnvolle Lösung gilt

$$x_{ij} = \begin{cases} 0 \\ 1 \end{cases}, \quad i,j=1,\ldots,n.$$

Das Transport- und damit auch das "Assignment"-Problem sind ganzzahlige Optimierungsaufgaben, für deren numerische Lösung besonders geeignete Algorithmen entwickelt wurden[1].

---

[1] Siehe dazu in: DANTZIG, G. B.: Lineare Programmierung und Erweiterungen. Springer 1966; – KUENZI, H. P., KRELLE, W.: Einführung in die mathematische Optimierung. Industrielle Organisation 1969.

Literatur

COLLATZ, L., WETTERLING, W.: Optimierungsaufgaben. Heidelberger Taschenbücher 15. 2. Aufl., Springer 1971.
DANTZIG, G. B.: Lineare Programmierung und Erweiterungen. Springer 1966.
GALE, D.: Theory of Linear Economic Models. McGraw-Hill 1960.
HADLEY, G.: Linear Programming. Addison-Wesley 1965.
— Nichtlineare und dynamische Programmierung. Physica 1969.
HU, T.C.: Ganzzahlige Programmierung und Netzwerkflüsse. Oldenbourg 1972.
KUENZI, H.P., KRELLE, W.: Einführung in die mathematische Optimierung. Industrielle Organisation 1969.
— — OETTLI, W., BLUM, E.: Nichtlineare Optimierung. Springer, im Erscheinen.
VON NEUMANN, J., MORGENSTERN, O.: Spieltheorie und wirtschaftliches Verhalten. Deutsch von F. Sommer. Physica 1961.

Namen- und Sachverzeichnis

Abbildung 18
—, lineare 18
— —, eineindeutige 20
— —, identische 22
— —, injektive 20
— —, inverse 20
— —, reguläre 19
— —, surjektive 20
Adjunkte 50
Ähnlich 85
Ähnlichkeitstransformation 88
Aktivität 126
Äquivalent 84
Äquivalenztransformation 84
Assoziativgesetz 1
Austauschsatz von STEINITZ 10
Austauschschritt 67
Austauschverfahren 66
Automorphismus 22

Basis 9
—, endliche 11
—, kanonische 16
Basislösung 74
— des linearen Optimierungsproblems 142
—, zulässige 142
Basismatrix 74
Basisvariable 74
BELLMANN, R. 125
Bewertungskoeffizienten 144
Bild 18
Bildraum 20
Bildvektor 18

Cartesisches Produkt 12
Cobb-Douglas-Produktionsfunktion 116
COLLATZ, L. 156
COOK, K. L. 125
Cramersche Regel 77

DANTZIG, G. B. 144, 155, 156
DEBREU, G. 100, 110
Definitionsbereich 18
Determinante 47
—, Multiplikation von 57
— der quadratischen Matrix 60
—, Rändern von 58
—, Rechenregeln von 51
— der regulären Matrix 48
— der singulären Matrix 48
—, Transposition von 51
Determinantenfunktion 45
Diagonalisierung symmetrischer Matrizen 91
Diagonalmatrix 26
Differenz, endliche 111
Differenzengleichung 114
—, lineare 114
— —, erster Ordnung 116
— —, homogene 115
— — —, Systeme 120
— — —, mit konstanten Koeffizienten 119
— —, inhomogene 115
— — —, erster Ordnung 115
— — —, mit konstanten Koeffizienten 121
Differenzenoperator 111, 112
Dimension 11
Distributivgesetz 2
DORFMAN, R. 138
Dreiecksmatrix 29
—, obere 29
—, untere 29
Dreiecksungleichung 14
Dualität 149
Dualitätssatz 150

Effizienzpreise 152
Eigenvektor 88
Eigenwert 88

157

Einheitsmatrix 27
Einheitsvektor 15
Element, inverses 1
—, neutrales 1
Endomorphismus 21
E-Operator 113

Faktorpotenz 113
FINSLER, Satz von 100
FROBENIUS, G. 105
Frobeniuswurzel 105

GALE, D. 156
GANDOLFO, G. 125
GANTMACHER, F. R. 104, 110
Gausssche Elimination 78
Gemeinkosten 135
Gleichung, charakteristische 89
Gleichungssystem, lineares 70
— —, allgemeine Lösung des 76
— —, homogenes 70, 75
— —, inhomogenes 70, 72
— —, Lösungsverfahren für 76
— —, partikuläre Lösung des 76
— —, überbestimmtes 73
— —, unterbestimmtes 74
Grenzproduktivitäten 152
Gruppe 1
—, abelsche 1
—, additive 1
—, kommutative 1

HADAMARD, Satz von 107
Hadamard-Matrix 107
Hauptdiagonale, dominante 106
Hauptdiagonale einer quadratischen Matrix 26
Hauptminor 98
Hauptunterdeterminante 98
HAWKINS-SIMON-Bedingung 131
Herstellkosten 135
HICKS, J. R. 123
HU, T. C. 156

Injektion 20
Injektiv 20
Input 126
Input-Output-Matrix, zerlegbare 127

Input-Output-Modell 126
—, Arbeitswerttheorie im 132
—, geschlossenes 126
—, Gleichgewichtslösung eines 130
—, offenes 130
— im Produktionsbetrieb 134
—, Wachstum im 133
Inverse 62
— Dreiecksmatrix 65
— des Matrizenprodukts 65
— orthogonale Matrix 64
— Permutationsmatrix 64
— symmetrische Matrix 64
— Transpositionsmatrix 64
Isomorphe lineare Räume 20
Isomorphismus 20
Iteration 146

JORDAN, CH. 121

KAKEYA, Satz von 85
kartesisches Produkt 12
Kehrmatrix 62
Kern einer Abbildung 19
Kofaktor 50
Komponenten des Vektors 12
Konvergent 94
Konvergenz von Matrizenreihen 94
Koordinate des Vektors 11
Koordinatensystem, rechtwinkliges 17
Kostenzurechnung 135
KRELLE, W. 149, 155, 156
Kronecker-Symbol 16, 61
KÜNZI, H. P. 149, 155, 156

Länge des Vektors 14
Längenmessung 13
Laplacesche Entwicklung 50, 54
LEONTIEF, W. W. 138
Leontief-Inverse 131
Leontief-Matrix 127
Leontief-Modell 126
Linear abhängig 5
— unabhängig 5
Lineare Abbildung 18
Lineare Optimierung 139
—, Basislösung 144
—, Degeneration 149

Lineare, ganzzahlige 149
—, zulässige Lösung 142
—, Maximumproblem 139
—, Minimumproblem 139
Linearer Raum 1
Linearkombination 4
—, konvexe 4
—, positive 4

Matrix 23, 25
—, Addition von 29
—, Adjungierte der 62
—, ähnliche 87
—, Äquivalenz von 83
—, Berechnung des Ranges der 81
—, definite 96
—, Input-Output 127
—, inverse 62
— der linearen Abbildung 22
—, Linksmultiplikation von 37
—, Multiplikation von 30
—, nichtnegative 26, 102, 104
—, nichtsinguläre 34
—, nichtzerlegbare 103
—, n-reihige 26
—, orthogonale 61
—, positive 26
—, Potenzreihen von 94
—, quadratische 26, 60
—, Rang der 33
—, Rechtsmultiplikation von 37
—, reelle 25
—, reguläre 34
—, schiefsymmetrische 28, 35
—, semipositive 26
—, singuläre 34
—, Spaltenrang der 33
— als Spaltenvektor 25
—, Spur der quadratischen 60
—, stochastische 106
—, Subtraktion von 29
—, symmetrische 28, 35
—, Transponieren der 27
—, unzerlegbare 103
—, Zeilenrang der 33
— als Zeilenvektor 25
—, zerlegbare 103
Matrizendivision 65
Matrizenoperationen 29

McKenzie, L. 106, 110
Meschkowski, H. 121, 125
Metrik 13
Minkowski-Metzler-Matrix 127
Minor 50
Morgenstern, O. 156
Multiplikator, dynamischer 117

Nebenbedingungen 139
Nikaido, H. 104, 110
Norm, euklidische 14, 15
n-tupel, geordnete 12
Nullmatrix 26
Nullvektor 2
Numéraire 132

Optimallösung 143
Optimierung, konvexe 149
—, lineare 139
Orthogonalsystem 15
Orthonormalbasis 16
Orthonormalsystem 16
Ortsvektor 3
Output 126

Parallelogrammprinzip 3
Permutation 42
—, gerade 44
—, identische 43
—, Inversion der 44
—, Produkt von 42
—, ungerade 44
Permutationsmatrix 37
Perron, Satz von 105
Pivot 67
— element 67
— spalte 67
— zeile 67
Polynom, charakteristisches 89
Polynomwurzeln 85
Produkt von Abbildungen 21
Produkt, dyadisches 33
Produkt einer Matrix mit einem Skalar 29
Produkt, skalares 13
Produktionsbetrieb 134
Produktionsfaktoren 134
Produktionsmodell, lineares 126

Produktionsplanungsmodell 151
Produktmatrix 31

Quadratische Form 95
—, indefinite 95
— mit Nebenbedingungen 100
—, negativ definite 95
—, negativ semidefinite 95
—, positiv definite 95
—, positiv semidefinite 95

Rang der Abbildung 20
— der Matrix 33, 81
— des Vektorsystems 8
Raum, linearer 1
Reeller Zahlenraum, n-dimensionaler 12
Rekursive Form 114
Restriktionen 139
ROUTH-HURWITZ-Bedingungen 87

SAMUELSON, P. A. 123, 138
Samuelson-Hicks-Konjunkturmodell 123
SARRUS, Regel von 49
Schlupfvariable 140
SCHUMANN, J. 138
SCHUR, Satz von 87
Selbstkosten 135
Simplex-Algorithmus 144
Simplex-Kriterium 143
Skalar 2
Skalarmatrix 27
Skalares Produkt 13
SOLOW, R. 138
Spaltendominanz 107
Spaltenrang der Matrix 33
Spaltenvektor 12
SPIEGEL, M. R. 125
Spinngewebemodell 118
STEINITZ, Austauschsatz von 10
Surjektion 20
Surjektive Abbildung 20
System von Unterräumen 5

Tableau 67
— umformung 67
Technologiekoeffizienten 151, 153
Teilmatrix 39
Transpositionsmatrix 37
Transponieren der Determinante 51
— der Matrix 27
Transportproblem 154

Unterdeterminante 50
Untermatrix 39
Unterraum 4
Urbild 18

Vandermondsche Determinante 56
Vektor 2
—, Betrag, absoluter 14
—, linear abhängig 5, 7
—, linear unabhängig 5, 7
—, nichtnegativer 12
—, normierter 15
—, orthogonale 15
—, positiver 12
—, semipositiver 12
Vektorraum, linearer 1
— —, endlich-dimensional 11
— —, normierter 15
— —, unendlich dimensional 11
Vektorsystem 8
—, Rang des 8
—, linear abhängiges 8
—, linear unabhängiges 8
VON NEUMANN, J. 156

Wertebereich 18
WETTERLING, W. 156

Zeichenregel, cartesische 85
Zeilendominanz 107
Zeilenrang der Matrix 33
Zeilenvektor 12
Zielfunktion 139
Zuweisungsproblem 155

Lehrbücher Wirtschaft

Heidelberger Arbeitsbücher

Band 1
B.A.Schmid: Arbeitsbuch zu „Stobbe, Volkswirtschaftliches Rechnungswesen, 3. Auflage"
2., neubearbeitete Auflage
VIII, 174 Seiten. 1972. DM 9,80

Band 2
W.Zöller: Arbeitsbuch zu „Handelsbilanzen"
X, 155 Seiten. 1970. DM 10,—

Band 3
R. Köhler und W. Zöller: Arbeitsbuch zu „Finanzierung"
X, 155 Seiten. 1971. DM 10,—

Band 4
E. Cramer und H.-J. Müller: Arbeitsbuch „Recht für Wirtschaftswissenschaftler"
XIII, 132 Seiten. 1972. DM 9,80

Band 5
W. Weber: Arbeitsbuch „Einführung in die Betriebswirtschaftslehre"
XI, 152 Seiten. 1972. DM 9,80

Band 6
H. Uebele: Arbeitsbuch „Kostenrechnung"
VIII, 153 Seiten. 1972. DM 9,80

Band 7
J. Roth und B.A. Schmid: Arbeitsbuch „Mikroökonomische Theorie"
X, 191 Seiten. 1972. DM 9,80

Heidelberger Taschenbücher

Band 14
A. Stobbe: Volkswirtschaftliches Rechnungswesen
3., revidierte und neubearbeitete Auflage. 23 Abbildungen
XIV, 344 Seiten. 1972. DM 14,80

Band 56
M. J. Beckmann und H. P. Künzi: Mathematik für Ökonomen I
103 Abbildungen
XV, 227 Seiten. 1969. DM 12,80

Band 62
K. W. Rothschild: Wirtschaftsprognose
Methoden und Probleme
34 Abbildungen
VII, 205 Seiten. 1969. DM 12,80

Band 78
A. Heertje: Grundbegriffe der Volkswirtschaftslehre
45 Abbildungen
X, 207 Seiten. 1970. DM 10,80

Band 90
A. Heertje: Volkswirtschaftslehre
Grundbegriffe der Volkswirtschaftslehre II
38 Abbildungen
IX, 164 Seiten. 1971. DM 12,80

Band 92
J. Schumann: Grundzüge der mikroökonomischen Theorie
160 Abbildungen
XI, 334 Seiten. 1971. DM 14,80

■ Bitte fordern Sie Prospekte an!

Springer-Verlag
Berlin
Heidelberg
New York

London München Paris
Sydney Tokyo Wien

New Books
Operations Research

Heidelberger
Arbeitsbücher

Band 6: Uebele, H.,
und Zöller, W.
**Arbeitsbuch
„Kostenrechnung"**
VIII, 153 Seiten. 1972
DM 9,80; US $3.20

Band 7: Roth, J.
und Schmid, B. A.
**Arbeitsbuch „Mikro-
ökonomische Theorie"**
X, 191 Seiten. 1972
DM 9,80; US $3.20

Lecture Notes in
Economics and Mathematical Systems

Vol. 66: Bauer, F.,
Garabedian, P. and Korn, D.
**A Theory of Supercritical
Wing Sections, with
Computer Programs and
Examples**
19 fig. V, 211 pages. 1972
DM 20,—; US $6.40

Vol. 67: Girsanov, I. V.
**Lectures on Mathematical
Theory of Extremum
Problems**
Translated from the
Russian by D. Louvish
12 fig. V, 136 pages. 1972
DM 16,—; US $5.10

Vol. 68: Loeckx, J.
**Computability and
Decidability**
An Introduction for
Students of Computer
Science
6 fig. VI, 76 pages. 1972
DM 16,—; US $5.10

Vol. 69: Ashour, S.
Sequencing Theory
24 fig. V, 133 pages 1972
DM 16,—; US $5.10

Vol. 70: Brown, J. P.
**The Economic Effects
of Floods**
Investigations of a
Stochastic Model of
Rational Investment
Behavior in the Face
of Floods
V, 87 pages. 1972
DM 16,—; US $5.10

Vol. 71: Henn, R.,
und Opitz O.
**Konsum- und Produktions-
theorie II**
6 Abb. V, 134 Seiten. 1972
DM 16,—; US $5.10

Vol. 72: Bagchi, T. P.,
and Templeton, J. G. C.
**Numerical Methods in
Markov Chains and Bulk
Queues**
XI, 89 pages. 1972
DM 16,—; US $5.10

Vol. 73: Kiendl, H.
**Suboptimale Regler mit
abschnittweise linearer
Struktur**
Rechnerunterstützte
Synthese und Realisierung
spezieller nichtlinearer
Regelungssysteme
38 Abb. VI, 146 Seiten. 1972
DM 16,—; US $5.10

Richter, R., Schlieper, U.
und Friedmann, W.
Makroökonomik
Eine Einführung
Hochschultext. Mit einem
Beitrag von J. Ebel
Etwa 120 Abb., 56 Tabellen,
42 Schaubilder
Etwa 500 Seiten. 1972
DM 38,—; US $12.10

Schmid, B.A., und Zöller, W.
Lernfragen
Erfahrungen mit dem
hochschulmethodischen
Konzept der Heidelberger
Arbeitsbücher
XI, 95 Seiten. 1972
DM 5,80; US $1.90

■ Please ask for
prospectus material

**Springer-Verlag
Berlin
Heidelberg
New York**
London München Paris
Sydney Tokyo Wien

MIX
Papier aus verantwortungsvollen Quellen
Paper from responsible sources
FSC® C105338

If you have any concerns about our products,
you can contact us on
ProductSafety@springernature.com

In case Publisher is established outside the EU,
the EU authorized representative is:
**Springer Nature Customer Service Center GmbH
Europaplatz 3, 69115 Heidelberg, Germany**

Printed by Libri Plureos GmbH
in Hamburg, Germany